"十四五"普通高等教育本科部委级规划教材

U0597451

产品设计
导论

吴 群 何 霞 编著

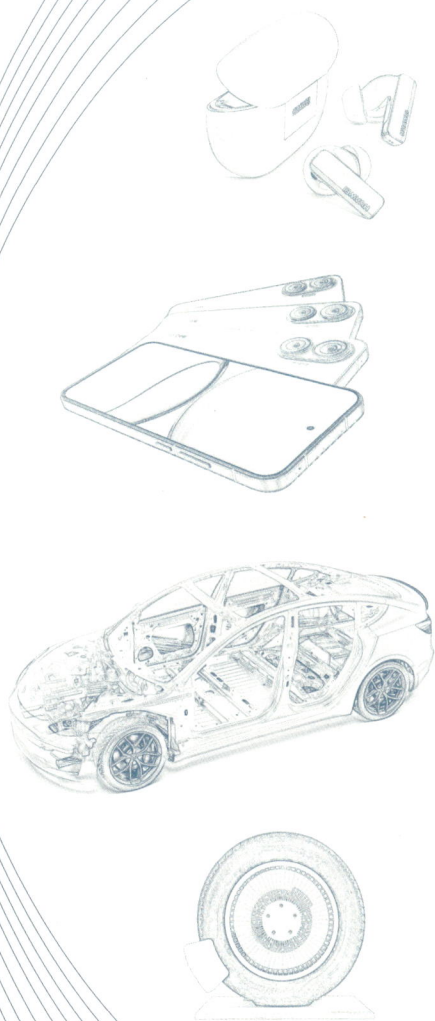

中国纺织出版社有限公司

内 容 提 要

在这个日新月异的时代，产品设计已经从一个简单的创意过程逐渐演变为一个涉及多学科、多领域的综合性学问，设计师也面临着更复杂多变的设计挑战。本书为读者理顺了产品设计的基础概念，系统分析了产品设计在理念、技术、文化与社会层面的创新，提出了设计师在新时代背景下的能力要求。设计不只是一种技能和工艺，更是一种思维方式、一种生活态度，本书不仅为读者提供一个全新的视角重新审视产品设计，还深入探讨了设计背后的哲学、原则和方法。

本书适合产品设计专业师生阅读使用，也可为从业设计师提供参考。

图书在版编目（CIP）数据

产品设计导论 / 吴群，何霞编著. -- 北京 ： 中国纺织出版社有限公司，2025. 8. --（"十四五"普通高等教育本科部委级规划教材）. -- ISBN 978-7-5229-2655-1

Ⅰ. TB472

中国国家版本馆CIP数据核字第2025NK4924号

责任编辑：华长印　王安琪　　责任校对：高　涵
责任印制：王艳丽

中国纺织出版社有限公司出版发行
地址：北京市朝阳区百子湾东里 A407 号楼　邮政编码：100124
销售电话：010—67004422　传真：010—87155801
http://www.c-textilep.com
中国纺织出版社天猫旗舰店
官方微博 http://weibo.com/2119887771
北京印匠彩色印刷有限公司印刷　各地新华书店经销
2025 年 8 月第 1 版第 1 次印刷
开本：787×1092　1/16　印张：13.75
字数：262 千字　定价：79.80 元

序

党的二十大报告指出："没有坚实的物质技术基础，就不可能全面建成社会主义现代化强国。"建设现代化产业体系，是党中央从全面建设社会主义现代化国家的高度作出的重大战略部署。而产品设计也是现代化产业体系中的重要部分，是科技创新的战场，是提升质量效率的阵地，是大国参与全球产业分工、争夺产业链价值链控制力和话语权的角力场。

另一角度，在这个日新月异的时代，产品设计已经从一个简单的创意过程逐渐演变为一个涉及多学科、多领域的综合性学问。它不仅仅涉及形态、颜色和功能的设计，更深入人类的需求、情感、文化和社会价值观的探索。随着科技的飞速发展、全球化的进程和社会文化的多样性，产品设计的角色和意义也在持续地扩展和深化。

《产品设计导论》是在这样的背景下诞生的，它旨在为读者展现一个更加宽广、深邃的产品设计世界。本书不仅为读者提供了一个全新的视角来重新审视产品设计，还深入探讨了设计背后的哲学、原则和方法。我们试图回答那些长久以来困扰着设计师和学者的核心问题：什么是真正的好设计？如何才能创造出既满足功能需求又具有深远意义的产品？在未来，设计的方向和挑战又将是什么？

此外，我们也关注到了设计师在当代社会中的角色变化。他们不再仅仅是创作者，更多地成为了创新者、研究者、策略家和跨界合作者。因此，本书也探讨了如何培养和提高设计师的多元能力，使他们能够更好地应对复杂多变的设计挑战。

我们深知，设计不仅是一种技能或工艺，更是一种思维方式、一种生活态度。希望通过阅读本书，读者能够深入理解设计的真正价值，迸发出更多的创新灵感和设计热情。

  在这个充满挑战和机遇的设计领域中，每一个设计师都有机会创造出真正有影响力的作品。愿本书能够陪伴您在设计的道路上，成为您的思考伴侣和灵感来源。

  再次感谢您选择本书，祝您阅读愉快，设计之路越走越宽广！

编著者

2025年3月

1. 产品设计定义

在我们的日常生活中，几乎每件事物都是经过人类的智慧和创意设计而成的。每天我们每天早晨使用的牙刷、工作和娱乐时使用的电脑，甚至我们日常走过的街角，都是精心设计的成果。"设计"这一概念在我们生活中随处可见，但其真正的含义却常被忽视。有时，我们将其简化为物品的外观，有时则是指物品的内在品质。在日常对话中，"设计"一词甚至被用来形容策略或方法。因此，评价一个设计的优劣，需要通过比较不同产品的功能来决定。

但谈及产品设计，我们实际上是在讨论一个更深层次、更全面的概念。产品设计不仅关乎产品的外观，还涉及其功能、易用性、制造过程，甚至产品的使用、维护和最终处置等整个生命周期。产品设计是一个涵盖理解用户需求、市场趋势和技术可行性的创新过程，通过创新思维和设计手法，将这些理解转化为具体的产品概念和规格。产品设计是专注于消费品设计的领域，它通过深入的用户研究和市场分析，致力于将用户需求和技术创新结合，创造具备美感、功能性和市场竞争力的产品。

而工业设计是一个更广泛的概念，它涵盖的不仅仅是产品设计，还涉及生产流程、制造工艺和材料选择等方面。工业设计关注的是如何使产品能够大规模工业化生产，并在生产效率和成本控制之间找到平衡。本书聚焦于产品设计，探讨如何通过创新的设计方法，为消费者提供优质的产品体验。

进入工业化社会后，设计的概念从艺术或装饰艺术扩展到现代工业产品。设计不仅表示一种思维和创造过程，还以语言、文字、图样和模型等形式表达出来。《现代汉语词典》中，"设计"被定义为根据特定目标预先制定方法、图样等。这反映了设计的两个核心方面：与计划相关的整体性和与展示相关的表示方法。

20世纪初，随着科技和工业经济的繁荣，设计重点从装饰转向对产品材质、结构、功能和美学形式的规划和整合。这表明设计需要反映工业化批量生产和市场经济下的需求，涵盖消费者和使用者的生理、心理需求。

在信息时代，产品设计的重要性愈发显著。无论是传统实物产品还是数字产品，都离不开优秀的产品设计。卓越的产品设计不仅能提升产品价值和竞争力，还能改善用户的生活质量和工作效率，甚至推动社会进步和发展。

因此，现代的产品设计概念是指综合社会、人文、经济、技术、艺术、生理、心理等各种因素，纳入工业化批量生产的轨道，对产品进行规划的技术。换句话说，产品设计是一种为了特定目的和功能，将各个要素结合起来，并进行整体考虑的创造性行为。想象一下，你正在厨房里忙着做饭，眼睛时不时瞄向烤箱，担心食物过火。这时，你可能希望有一个设备能实时监测烹饪进度，甚至根据食物的状态自动调节烤箱的温度和时间。

这个需求并非空想，国内某知名家电品牌推出了一款智能烤箱，正是针对这一痛点而设计。这款烤箱内置智能摄像头和AI算法，能够实时监控食物的状态，并通过图像识别技术判断食物的烹饪程度。当食物即将达到理想的烹饪效果时，烤箱会自动降低温度，防止过度烹饪，同时通过手机应用程序向用户发送通知。这项设计不仅提高了烹饪的精确性，还解放了双手，让用户可以更加从容地处理厨房中的其他事务。这种创新设计通过智能化技术解决了繁忙家庭主妇和现代烹饪爱好者的需求，显著提升了生活质量。

你可能已经习惯了每天早上起床后，打开手机，查看日程安排和新闻。但如果有一款产品可以在你醒来时自动提供这些信息，那会让你的生活更加便利。中国某科技公司推出的"智能音箱"便是一个很好的例子。它搭载了智能语音助手，能够连接你的日程安排，并在你醒来时通过语音或显示屏提供当天的天气预报、日程提醒以及你关注的新闻信息。这正是产品设计通过理解用户需求，提升生活体验的实例。

让我们通过一个简单但具体的产品设计过程来理解这个概念。例如，你发现在阅读过程中，经常会因为书签滑落等原因找不到书签而感到困扰。这就是一个典型的用户需求识别阶段，这也是产品设计过程的起点。在这个阶段，设计师需要明确并定义用户的痛点或需求。这一阶段常用的工具包括用户研究、问卷调查、用户画像以及情景分析。通过这些方法，设计师能够更好地理解用户在特定场景下的需求。

接下来，进入概念生成阶段。作为一名产品设计师，你开始思考如何解决这个问题。你可能会应用头脑风暴、创意工作坊或者设计思维的方法，生成各种各样的解决方案。例如，设计一个可以夹在书页之间的书签，或者设计一个可以粘在书页上的书签。在这个阶段，设计师还可能运用功能分析，通过分析产品的功能需求，设计出能够符合这些需求的多种概念。

一旦有了多个设计概念，接下来就是原型设计阶段。在这一阶段，设计师会使用不同的原型工具来创建产品的初步模型，常用的方法包括草图绘制、低保真原型以及快速迭代等。这个阶段的目标是快速构建出能够展示设计意图的初步产品模型，用于后续的测试和改进。

原型完成后，设计师会进入用户测试和反馈阶段。此时，可以邀请目标用户对原型进行试用和测试，收集他们的反馈。在测试中，设计师会运用用户体验评估和可用性测试的方法，观察用户的使用行为，获取他们的真实意见。例如，用户可能会告诉你，他们希望书签能够更稳定地固定在书页上，或者希望书签的颜色更加丰富多样。设计师要仔细分析这些反馈，并结合痛点解决和可行性分析，对产品设计进行改进。

在此过程中，产品设计的反复测试与迭代属于设计优化阶段。基于用户反馈，设计师会不断调整产品的外观、功能、材料等，确保它能更好地满足用户需求。这个阶段强调用户中心设计，即设计要以用户需求为核心，通过反复的优化和调整，提升产品的功能性和用户体验。

最终，通过设计师的创新和改进，产品设计流程得以完成，设计出一个能够有效解决用户问题的产品。这个过程不仅涉及产品的外观设计，还涉及功能实现、制造可行性和市场需求分析。整个设计过程强调了产品设计中的以人为本、持续创新、多学科协作和系统化思考等核心理念。

产品设计的重要性不仅体现在功能性和美感上，更反映了人们的生活方式和价值观。因此，作为产品设计师，我们不仅需要关注产品的实用性和美感，还要注重产品的社会价值和创新性，从而创造出真正能够改善生活、具有价值的产品。

2.产品设计的扩展与层次化理解

在日常生活中，我们常常会将产品理解为具有特定物质形状和用途的物品，它们是我们可以看到、触摸到的实体。然而，从更深层次的角度看，产品的实质其实是为人类生活和工作提供服务的工具。它们与我们的生活息息相关，相互影响，无法割裂。

产品设计，就是在这样的背景下，解决产品系统中人与物、环境之间的关系的一种创新活动。它的创造性、复杂性与不确定性，使得我们必须从不同的角度去理解和探索设计过程，以便更全面地认识它。随着现代市场营销理论的发展，产品的定义被进一步扩大。任何能够提供给市场，被人们使用和消费，并能满足人们某种需求的东西，都可以被视为产品。这不仅包括我们可以看到、触摸到的有形物品，也包括我们无法看到、触摸到但能够感知到的无形服务，甚至还包括组织、观念或它们的组合。

这样的理解使得产品设计的领域得到了极大的拓展。无论是一款实用的家用电器，还是一项提供便捷服务的应用程序，甚至是一个推动社会进步的观念，都可以成为产品设计的对象。这也使得产品设计在现代社会和经济中的地位和作用变得越来越重要，它不仅影响着我们的生活和工作，还推动了社会的进步和发展。

为更好地理解产品设计的复杂性，我们可以将产品概念分为四个层次，这为理解和描述产品提供了全面的框架。

核心产品（core product）：这是产品的基本层次，代表着消费者购买产品的主要原因。以智能手机为例，其核心产品是通信功能。

有形产品（tangible product）：这是产品的物理部分，包括设计、品牌名称、质量级别和包装等内容。智能手机的有形产品包括其设计、品牌、颜色、重量等。

附加产品（augmented product）：这是消费者期望之外的附加价值或特性，如售后服务、技术支持或保修。对于智能手机来说，附加产品可能包括免费的云存储服务、客户支持和保修服务等。

心理产品（psychological product）：这是消费者对产品的心理反应和感知，包括身份认同、社会地位等因素。例如，拥有最新款智能手机可能会让消费者觉得自己走在科技前沿，提升他们的心理满足感。

通过对产品的层次化理解，产品设计不仅仅是关于功能和外观，还涉及消费者的感知与体验，这使产品设计的影响力更加深远和广泛。

3.产品设计的特点

（1）产品设计对社会进步的推动

在这个充满变化和挑战的时代，产品设计已经成为推动社会进步的重要力量。它不仅影响着我们的生活方式，也正在改变着经济的面貌。一款成功的产品设计，可以带动一家企业的发展，甚至可以改变整个行业的格局，改变所有人的生活方式。比如，智能手机的出现，不仅改变了我们的通信方式，也催生了一整个移动互联网行业。

在这个行业中，各种各样的应用如雨后春笋般涌现，满足了我们生活中的各种需求。我们可以通过手机购物、点餐、叫车、看新闻、学习、娱乐等，大量的生活需求都可以通过手机来满足。这些应用不仅提供了便利的服务，也创造了大量的就业机会，推动了经济的发展。

（2）技术创新对产品设计的推动

智能手机行业的快速发展为我们展示了技术创新如何推动产品设计不断进步。在智能手机之前，我们的通信方式相对单一，主要依赖于电话和电子邮件。然而，智能手机的出现让我们可以随时随地地进行通信。它集成了电话、短信、电子邮件、社交媒体等多种通信方式，使得人与人之间的交流变得更加便捷和即时。我们可以通过微信、WhatsApp等应用，随时与朋友、家人、同事进行交流，无论他们身处何方。这种即时、便捷的通信方式，极大地拉近了人与人之间的距离，使得我们可以更加轻松地维持社交关系，分享生活中的点滴。

此外，智能手机也改变了我们获取信息的方式。在过去，我们获取信息的主要方式是通过电视、报纸、广播等传统媒体。然而，随着智能手机的普及，我们可以随时随地地获取信息，无论是新闻、天气预报，还是股票行情、体育赛事，都可以通过手机轻松获取。这种信息获取方式，使得我们可以更加及时地了解世界，更好地做出决策。

4.新场景下产品设计的内涵

在21世纪的今天，我们正处在一个快速变化的世界中，在数字化、全球化和可持续发展等新的背景下，产品设计的内涵和要求也在发生着深刻的变化。设计师们不再仅仅关注产品的形状和功能，而是需要更多地考虑用户体验、数据驱动设计、环保等因素。这些新的要求和挑战，使得产品设计变得更加复杂和多元，但同时也为设计师们提供了无限的创新可能。

其一，用户体验已经成为产品设计的核心。在过去，设计师们可能更多地关注产品的功能和形状，而现在，他们需要更多地关注用户的感受和体验。这是因为在当今的市场环境中，产品的功能和形状已经不再是竞争的关键，而用户的体验和满意度才是产品能否成功的决定因素。因此，设计师们需要深入理解用户的需求和期望，以此来设计出能够提供优秀用户体验的产品。这就需要设计师们具备良好的观察力和洞察力，以及对人类行为和心理的深入理解。

在小红书App创立之初，它的创始人瞿芳和毛文超都是互联网背景出身，他们非常注重用户体验。小红书最初是一个跨境电商平台，随着发展，逐渐演变为一个结合社交、内容与购物的平台。为了让用户有更好的体验，创始团队在设计小红书的应用时，非常重视界面的直观性和易用性。他们设计了一个简单且美观的界面，用户可以通过搜索功能轻松找到自己感兴趣的商品、笔记或生活方式推荐。在内容展示方面，每个产品和笔记都配有高质量的图片和详细的描述，帮助用户快速了解产品或获取生活灵感。用户通过浏览笔记获取购物建议，再通过简洁的操作流程完成购买，整个体验从发现内容到购物支付都非常流畅，极大提升了用户的参与感和满意度。小红书团队通过用户调研发现，用户在浏览笔记和购物时，最关注的是内容的图片质量。因此，小红书提供了更多的摄影指导和优化工具，帮助用户和品牌拍摄高质量的图片和视频，以吸引更多的关注和互动。这些优化措施都是基于对用户体验的深入理解和考虑的结果，这使得小红书能够在社交电商领域取得显著成功。这个例子充分说明了用户体验在产品设计中的重要性。

其二，数据驱动设计成为产品设计的重要手段。在数字化时代，设计师可以通过多种手段收集到大量的用户数据，这些数据为我们提供了宝贵的信息和洞察，帮助我们更好地理解用户的需求和行为。因此，设计师们需要学会如何利用这些数据来指导他们的设计决策，这就需要他们具备数据分析的能力，以及对数据驱动设计的理解和应用。

爱奇艺（iQIYI）是中国一家知名的在线视频流媒体服务提供商，拥有海量的电影、电视剧、综艺等内容资源。然而，对于用户来说，从众多的内容中找到自己喜欢的，可能会感到困惑和疲劳。为了解决这个问题，爱奇艺采用了数据驱动设计的方法。爱奇艺收集了大量的用户数据，包括用户的观看历史、搜索记录、评分习惯等。然后，爱奇艺使用这些数据来训练他们的推荐算法。这个算法可以根据用户的历史行为预测用户可能喜欢的内容，并将这些内容推荐给用户，帮助他们更快速地找到感兴趣的节目。爱奇艺还使用数据来优化其平台的产品设计。例如，他们发现用户在选择影片或剧集时，非常关注封面图。因此，爱奇艺通过A/B测试的方法，为每部电影或电视剧设计了多个封面图，并收集用户的点击数据，确定哪个封面图最能吸引用户，从而优化用户的点击率和观看体验。此外，团队还通过数据分析来指导内容创作。他们深入研究用户的观看数据，以了解观众更倾向于哪种类型的节目和剧情，并根据这些洞察来制作新的剧集和电影。这也是为什么爱奇艺能够推出许多广受欢迎的自制剧和综艺节目的原因，因为他们能够精确地把握用户的兴趣和需求。

其三，环保和可持续发展成为产品设计的重要考虑因素。在面临环境问题和资源紧张的今天，我们需要设计出更环保、更可持续的产品，以此来减少我们对环境的影响，实现可持续发展。这就需要设计师们具备环保和可持续发展的意识，以及对环保和可持续发展设计的理解和应用。

巴塔哥尼亚（Patagonia）是一家户外服装品牌，他们的产品设计始终以环保和可持续发展为核心。他们的设计理念不仅仅体现在产品本身，更体现在他们的整个生产和销售过程中。首先，Patagonia在产品设计阶段就尽可能地使用可再生、可回收和低环境影响的材料。例如，他们的一款名为"Better Sweater"的毛衣，就是使用回收的羊毛和塑料瓶制成的。这样的设计不仅减少了对环境的影响，也让消费者在购买产品的同时，能够为环保做出贡献。其次，Patagonia也在生产和销售过程中尽可能地减少对环境的影响。他们选择环保的生产方式，如使用太阳能和风能，减少碳排放。他们还对供应链进行严格的审查，确保所有的供应商都符合环保和社会责任的标准。他们鼓励消费者购买二手产品，甚至在他们的网站上设立了一个二手产品的销售平台。他们还提供产品修理服务，鼓励消费者修理而不是替换损坏的产品。随着环保和可持续发展越来越成为产品设计的重要考虑因素，Patagonia这样具有环保责任感的企业越来越被推崇，消费者也越来越倾向于选择能够考虑周全环保因素的产品。

其四，全球化也对产品设计提出了新的要求。在全球化的背景下，产品需要面向全球市场，满足不同地区、不同文化背景的用户的需求。这就需要设计师们具备全球视野，以及对不同文化和市场的理解。

格力电器（Gree）是中国领先的空调制造商，在全球范围内销售空调产品。作为一家全球化的企业，格力在扩展国际市场时发现不同国家和地区的用户的需求存在差异。如果简单地将国内的成功产品推向海外市场，无法满足其他国家用户的需求，因此格力在产品设计中需要针对不同的市场进行差异化调整。以格力进入中东市场为例。中东地区的气候极其炎热，夏季的高温对空调的性能要求非常高。格力在进入这一市场之前，进行了广泛的市场调研。他们发现，当地用户不仅对空调的制冷能力有极高的要求，还需要空调能够在极端高温下持续运作。因此，格力专门为中东市场设计了能够在高达60℃的环境下正常运行的空调，并且强化了产品的抗沙尘能力，以适应当地的恶劣环境。

这些本地化的设计和技术调整，使得格力的空调产品在中东市场广受欢迎，并在竞争激烈的环境中占据了重要的市场份额。通过深入理解当地的气候条件、用户习惯和市场需求，格力成功地将全球化与本地化相结合，满足了不同地区用户的特殊需求。

随着科技的发展，新的技术和工具为产品设计提供了前所未有的机会。例如，虚拟现实和增强现实技术可以为产品设计提供全新的互动和展示方式，人工智能和机器学习技术可以帮助我们更好地理解用户的需求和行为，从而优化产品设计。本书的后续章节将深入探讨新技术与工具如何在产品设计中发挥关键作用，推动设计和创新的"化学反应"。

配套电子资源

目录

第 1 章

产品设计
发展历程

1.1　原始社会的造物

在石器时代之前，史前时代的早期阶段，人类主要依赖采集和狩猎为生。他们生活在小型的游牧部落中，经常迁徙以寻找食物和水源。这种游牧生活方式要求他们必须拥有轻便、易于携带和多功能的工具。

①木制工具：在这一时期，人类使用的工具主要是由木头制成的。例如，他们可能会使用尖锐的木棍来挖掘土地，寻找隐藏的食物，如块茎或昆虫。

②骨制工具：骨头是另一种常用的材料。骨针可能是用来缝制动物皮毛制成的衣物，而骨刀则用于切割肉类或其他食物。

③天然纤维：人类可能已经学会了如何使用植物的纤维制作简单的绳索，这些绳索可以用来捆绑、悬挂或制作简单的陷阱。

这一时期的人类还处于非常原始的状态。但即使在这样的环境中，我们仍然可以找到设计的迹象。

①岩画：在某些地区，如法国的拉斯科洞穴，考古学家发现了史前人类绘制的岩画。这些岩画描绘了各种动物、人物和抽象图案，可能与宗教仪式或神话传说有关。

②雕刻：在某些地方，人们会在骨头或石头上雕刻简单的图案。这些雕刻可能是装饰品，也可能是某种象征或信仰的标志。

③身体妆饰：人们可能会使用天然的颜料，如赭石或炭粉，来涂抹身体，作为身份或地位的标志，或者与某种宗教或仪式有关。

总的来说，石器时代之前的人类虽然生活在一个非常原始的环境中，但他们仍然展现出了设计的思维和能力。他们制作的工具、武器、艺术品和交流方式都是根据他们的实际需求和环境来设计的，体现了设计的基本原理。这一时期的设计活动为石器时代的发展奠定了基础，预示着人类社会将逐步走向更为复杂的设计阶段。

1.2　石器时代的造物

在我们回顾产品设计的历史时，必须要追溯到那个遥远的石器时代。那时，人类还未步入文明，生活的主要挑战是如何在自然环境中生存下来。在这个时期，尽管人们还无法创造复杂的工艺品，但他们已经开始制作和使用各种石器来满足基本的生活需求，比如狩猎、采集和防御（图1-1）。

石器时代的人类在制作石器时就展现了早期的设计思维。例如，他们会选择适合制作工具的石头，比如坚硬且易于打磨的火山岩；他们会根据工具的用途来设计形状，如石斧的形状适合砍击，石刀的尖端则更利于切割；他们还会通过不断试验和改进，使工具的性能更好，使用起来更方便。这些都是人类在生产工具过程中，开始认识并实践设计的萌芽。

更值得注意的是，石器时代的人类并非只在实用性方面表现出设计的思维。在一些地方，比如欧洲的一些洞穴艺术中，我们能够发现石器上有象形图案的雕刻（图1-2）。这些图案展示了人类不仅在设计工具时考虑功能性，同时也追求审美，这是对产品设计概念的进一步拓展。

石器时代的这些发展，虽然相比现代的产品设计还非常粗糙简单，但它们在本

图1-1 石器时代工具

图1-2 西班牙阿尔塔米拉洞穴中的壁画

质上体现了产品设计的基本原理：根据使用者的需求来设计和改进产品，同时考虑产品的实用性和美学。这些原始的设计活动，预示着人类社会将逐步走向更为复杂的产品设计阶段。

1.3 新石器时代与农业社会的崛起

随着石器时代的发展，人类逐渐从游牧生活过渡到定居生活，这一时期被称为新石器时代。在这个阶段，人类开始了农业生产，这为人类社会的进一步发展奠定了基础。

真正意义上的农业在这一时期开始出现，人类开始尝试种植作物，如小麦、大麦和稻米。这不仅仅是为了满足食物需求，更重要的是，农业生产使人们能够储存食物，从而支撑更大的人口和更复杂的社会结构。随着农业的发展，人们开始设计和制造各种农具，如犁、锄和镰刀（图1-3）。这些农具不仅提高了农业生产效率，而且体现了人类对工具功能和形态的深入思考。

人们开始建造永久性的住所，如土坯房和棚屋（图1-4）。这些住所不仅提供了遮蔽和保护，而且成为人们社交和文化活动的中心。

随着农业生产和食物储存的需求增长，人们开始制造各种容器，如陶罐和陶碗（图1-5）。这些容器不仅具有实用性，而且经常被用作装饰品或宗教仪式的工具。

图1-3　新石器时代裴李岗文化齿形石镰

图1-4　新石器时代房屋复原

图1-5　新石器时代马家窑文化彩绘陶罐

1.4　工业革命前的手工艺与工艺美术时期

新石器时代之后，人类开始掌握金属加工技术。在这个阶段，金属工艺成为人类文明的重要组成部分。

人类开始发掘和加工各种金属，如铜、锡和铁。这些金属不仅用于制造工具和武器，而且成为交易和贸易的重要物品。随后人们开始设计和制造各种金属制品，如铜镜、铜鼎和铁剑（图1-6）。这些制品不仅体现了人类对材料性质的深入了解，而且展现了人类对形态和装饰的独特审美。

青铜器、瓷器、古希腊的雕塑、古埃及的装饰艺术，都是手工艺设计的杰出代表。这些设计往往不仅限于实用性，还承载了大量的象征意义、宗教信仰和社会身份。因此，手工艺产品的设计既服务于日常使用，又在其工艺与装饰上体现出特定的社会地位和文化内涵。

图1-6　羽鳞纹青铜鼎

（1）古代与中世纪的手工艺时代

在工业革命之前，产品设计的形态主要通过手工艺传承而来。古代与中世纪的产品设计以手工制作为主，手工艺人在设计和制造过程中具备高度的工艺技能和艺术天赋。无论是陶器、金属制品，还是织物和家具，这些产品的设计都体现出浓厚的美学价值与文化特征。

在埃及，手工艺时代的产品设计主要体现在建筑和工艺品上。他们的设计思维并非仅仅满足实用性，而是将宗教信仰、权力象征和审美融合在一起，体现出设计的复合性和内涵性。

在位于底比斯的一个古埃及墓中，有一幅壁画描绘了一个家具工场的场景（图1-7）。这个工场看起来非常现代，里面有许多工匠正在用手工工具来制作各种家具。从这幅壁画中可以看出，古埃及人在家具制作方面已经掌握了先进的技术和工具。

图1-7　底比斯壁画中忙碌的工匠

古埃及人非常喜欢戴首饰，这些首饰通常由贵金属、宝石和贝壳等材料制成。在古埃及的墓穴中，可以找到许多精美的首饰，如金属制的手镯、项链和戒指等。这些首饰都具有独特的造型和细节，展现了古埃及人高超的金属加工技术和设计能力。

古埃及人在纺织技术方面非常擅长，他们制作的纺织品包括棉、麻、羊毛和丝绸等。在古埃及的墓穴和遗址中，可以找到许多保存完好的纺织品，如织锦、绸缎和精美的刺绣品等。这些纺织品都具有独特的图案和色彩，展现了古埃及人在纺织设计方面的才华和创造力。

中世纪时期，欧洲的手工艺设计随着封建社会的建立进入了一个相对封闭和宗教化的阶段。教会和贵族的需求主导了设计的发展，手工艺多用于宗教仪式或宫廷生活，设计风格受哥特式和罗马式建筑风格的影响，讲求庄重与神秘。工匠们通过木雕、金属雕刻、纺织等手工技艺，设计并制造出具有宗教象征意义的物品，如圣杯、圣像、教堂装饰等。这一时期的设计仍然依赖于工匠个人的技术水平和美学素养，设计与制作过程不可分割。

①骑士铠甲：中世纪欧洲的骑士文化极为发达，铠甲是他们必不可少的装备之一。中世纪欧洲的铠甲通常由铁或钢制成，具有独特的造型和细节，展现了当时的军事技术和美学理念。

②教堂建筑：中世纪欧洲的教堂建筑具有独特的设计风格和艺术价值。这些教堂通常采用哥特式建筑风格，具有高大的拱顶、尖顶和华丽的浮雕装饰，展现了中世纪欧洲的建筑技术和美学理念（图1-8）。

图1-8　马德格堡的教堂穹顶

③书籍装饰：中世纪欧洲的书籍装饰非常精美，具有独特的风格和艺术价值。这些书籍通常采用手写和手绘的方式制作，装饰元素包括华丽的花卉图案、彩色字母和插图等，展现了中世纪欧洲的书法和绘画技术以及文化艺术水平。

④家具：哥特式建筑上的装饰纹样开始被应用于家具，出现了诸如高脚柜和箱形座椅等新样式，它的特征在于层次丰富和精巧细致的雕刻装饰，最常见的有火焰、三叶植物等图案，由于哥特式家具多用于欧洲中世纪的贵族和教会，这类挺拔向上的雕刻装饰，是兴旺、繁荣和力量的象征。

（2）文艺复兴与工艺美术运动的兴起

文艺复兴时期（14～16世纪）是欧洲社会、文化和经济的转折点，这一时期的设计受到了古希腊与古罗马艺术的强烈影响，呈现出古典美学的复兴与创新。与之前的中世纪不同，文艺复兴时期的设计超越了传统手工艺的局限，开始强调艺术性与功能性的平衡。

　　文艺复兴时期，设计不再仅仅是由工匠们执行的单纯手工技艺。艺术家与设计师们作为新的创作者群体开始介入产品设计的过程，他们不仅通过绘画、雕塑等艺术形式表达美学理念，还在日常物品的设计中引入了更高的艺术追求。艺术家们开始参与到家具、饰品、建筑以及日常用品的设计中，赋予这些物品更多的审美价值和文化意义。

　　这一时期的设计特点之一是对古典美学的复兴，特别是对称性与和谐美感的强调。设计师们借鉴古希腊和古罗马的美学原则，将其融入建筑、家具、珠宝和其他物品的设计中。例如，建筑设计中，设计师们广泛应用古典柱式、拱形结构和比例的精确计算，创造出宏伟而协调的建筑物，如意大利的佛罗伦萨大教堂和罗马的圣彼得大教堂。

　　在家具设计方面，文艺复兴时期的家具不仅追求功能性，还注重装饰性。家具设计体现了高度的艺术追求，精致的雕刻、镶嵌工艺和复杂的几何图案被广泛应用。椅子、桌子、柜子等家具不再是简单的功能性物品，而成为艺术作品，展示了设计者的创新和文化素养。

　　珠宝与饰品设计也是文艺复兴时期艺术创新的重要领域。设计师们融合了宝石镶嵌、金属雕刻等技术，使得首饰不仅在功能上符合佩戴的需求，还成为展示个人品位和地位的象征。这一时期的饰品设计充满了细腻的工艺和美感，象征着对古典文化的崇尚和对个人风格的表达。

　　同时，日常用品如餐具、器皿等设计也变得更加精美。这一时期的日常用品设计不仅满足了实用需求，还通过雕刻、彩绘和镶嵌等手法，体现了设计者对美的追求。餐具和器皿不仅被视为实用工具，还是富有装饰意义的艺术品，展现了家庭和社会地位。

　　巴洛克风格是文艺复兴运动在艺术领域的延续和演变。以家具设计为例，当时盛行的巴洛克风格的家具在形式上华丽且复杂，常常采用大量的装饰元素，如雕花、镶嵌、贝壳形状等（图1-9）。这些装饰不仅美观，同时具有象征意义，体现了当时欧洲社会对于权力、富贵和宗教的崇尚。在材料上，巴洛克家具常常使用贵重的木材和金属，如胡桃木、樱桃木、黄铜等，进一步强化了产品的豪华感。在功能上，巴洛克家具则注重舒适性和实用性，比如椅子的靠背和扶手设计得更加贴合人体形态，满足人们在日常生活中的使用需求。

　　巴洛克时期的产品设计对现代产品设计产生了深远影响。其强调形式和内容相统一，既注重产品的功能性，又重视审美和象征性，这一设计原则至今仍然被现代设计师们所倡导和遵循。其丰富而复杂的装饰元素，以及

图1-9　巴洛克风格的边桌

对于材料和工艺的精湛掌握，也为现代设计师们提供了丰富的灵感来源。

在这个阶段，设计的功能性、审美性和象征性得到了全面的发展和融合，为今后产品设计的复杂化、个性化和人文化铺垫了基础。人们对产品的需求也开始从单一的实用性，转向了多元化和个性化。这是产品设计历史发展的重要里程碑，也为后续的产品设计提供了丰富的思考和实践基础。

1.5　工业革命与现代产品设计的开端

工业革命标志着人类社会从农业时代跃进到工业时代，也对产品设计产生了深远影响。与此之前的手工艺时代相比，工业时代的产品设计开始从"设计者中心"转向"用户中心"，并且大规模、标准化生产的可能性催生出新的设计原则和方法。

工业革命开始于18世纪的英国，其最显著的特征是蒸汽机的广泛应用，以及铁路、船舶、纺织等行业的飞速发展。工业革命极大提高了生产效率，使得大量、快速、低成本的商品生产成为可能。

这对产品设计提出了新的挑战，因为设计师们需要考虑如何在大规模生产的条件下，创造出既美观又实用的产品。这就需要他们运用新的设计原则和方法，强调功能性和实用性，以及追求简洁、清晰的设计风格。

随着20世纪的到来，产品设计进入了一个全新的阶段。在这个时期，设计不再只是单纯追求美学和功能性的平衡，而开始更加注重产品在市场中的适应性以及生产效率。

图1-10　贝伦斯设计的电风扇

这一变化反映了产品设计对时代需求的响应，尤其是在大规模生产和消费品时代的背景下，产品设计逐渐发展出一套系统化的方法。

彼得·贝伦斯（Peter Behrens）是这一时期的重要人物之一，他为现代产品设计带来了新的视角。贝伦斯的设计作品强调简洁与功能性的融合，而这些理念不仅体现在产品的外观设计上，还深入到了产品的制造过程中。例如，他为日常消费品设计了以简约、实用为特征的产品，去除了过多的装饰，使设计更加符合大众市场的需求。贝伦斯为德国AEG公司设计的电风扇是一个经典的案例（图1-10）。贝伦斯在设计这款电风扇时，摒弃了当时流行的复杂装饰风格，转而采用简洁的几何形态，突出产品的功能性。他将电风扇的结构设计得更加简单实用，去除了不必要的装饰元素，使产品既具有现代感又能够通过工业化手段进行大规模生产。这款电风扇的设计不仅仅是为了美观，更是为了提高生产效率和降低制造成本。贝伦斯通过标准化的设计理念，确保电风扇的各个部件可以在生产线上快速且一致地制造。这种系统化的设计方法极大地推动了产品设计与工业生产的结合，使产品能够以较低的成本进入大众市场，满足了当时对功能性产品的需求。贝伦斯为现代产品设计树立了功能简约、制造高效的标准，成为功能主义设计的经典案例之一（图1-11）。

在这一时期，产品设计逐渐演变成一个包含多重因素的领域，设计师们开始思考如何在满足用户需求的同时兼顾生产效率、材料使用和市场定位。这不仅仅体现在消费类产品的设计上，还在更广泛的领域，如家具、电子设备和家居用品中得以体现。产品设计师们从最初的形式与功能的平衡，逐渐转向对用户体验、成本控制和技术进步的深度思考，推动了产品设计向专业化和市场化的方向发展。这种理念的变化，开启了产品设计历史中的一个重要阶段——设计不再仅仅是艺术家和工匠的创造行为，它开始与商业、工程技术和市场紧密联系，成为一个更加综合的领域。

工业时代的产品设计，其最大的特点是将设计和制造、市场紧密结合在一起，这不仅提高了产品的功能性和实用性，也使设计更具市场竞争力。同时，设计的规模和影响力也大大扩大，使产品设计成为推动社会进步和提升生活品质的重要力量。这一时期涌现了非常多经典的产品设计作品。

①T型福特汽车：亨利·福特（Henry Ford）设计的T型车是大规模生产的经典例子（图1-12）。这款汽车的设计考虑了简洁性、功能性和大规模生产的需求。通过流水线生产方式，T型车成为首款大规模生产并销售给大众的汽车。

②电话：亚历山大·格拉汉姆·贝尔（Alexander Graham Bell）设计的电话是工业时代的另一个代表性产品（图1-13）。电话

图1-11 贝伦斯设计的钟

图1-12 T型福特汽车

的设计不仅考虑了其通信功能，还考虑了如何使其在大规模生产中保持稳定性和低成本。

③电灯：托马斯·阿尔瓦·爱迪生（Thomas Alva Edison）改良的电灯也是工业时代的标志性产品（图1-14）。电灯的设计特别考虑了其照明功能、耐用性以及大规模生产的可能性。

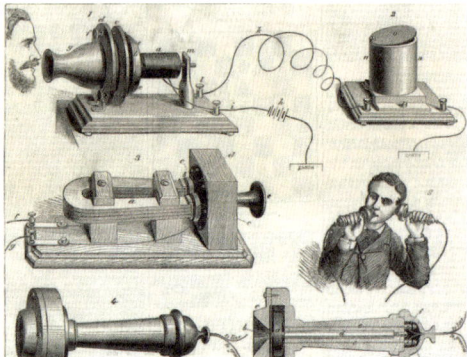

图1-13　贝尔设计的电话

图1-14　爱迪生改良的电灯

④摄影机和胶片：乔治·伊士曼（George Eastman）设计的柯达相机和胶片是摄影技术在工业时代的代表（图1-15）。这些产品的设计考虑了用户的需求、实用性以及如何在大规模生产中保持高质量。

图1-15　柯达胶片

1.6　信息时代现代产品设计体系

随着计算机技术的普及和互联网的发展，我们已经步入信息时代。这一时代的产品设计，不仅涉及实体产品，还包括软件产品和服务产品，涵盖了更广泛的领域和更复杂的内容。

在信息时代，软件产品和服务产品的设计日益重要。例如，App 设计、网站设计、交互设计等领域的发展，使得设计师需要具备新的知识和技能。在这些领域中，设计师不仅要考虑产品的功能和外观，还要考虑用户体验，考虑如何通过设计使得产品使用更加简便、高效、愉快。数码产品、App 类产品、高新技术产品在这一时代涌现：

①苹果 iTunes 音乐播放器（2001 年）：由苹果公司设计的音乐播放器，采用了简单直观的用户界面和高质量的音乐管理功能，成为数字音乐时代的代表之一。

②QQ 空间（2005 年）：由腾讯公司设计的社交网络平台，采用了个性化的用户界面和丰富的互动功能，成为中国早期社交媒体的领导者之一。

③360 安全浏览器（2008 年）：由中国 360 公司设计的网络浏览器，采用了快速稳定的页面加载和安全防护功能，成为国内浏览器市场的代表之一。

④阿里云云存储服务（2009 年）：由中国阿里巴巴集团设计的云存储服务，采用了简单易用的用户界面和高效可靠的数据管理功能，成为国内云存储市场的代表之一。

⑤美团点评在线生活服务平台（2010 年）：由中国本地生活服务公司美团点评设计的在线平台，采用了直观的用户界面和便捷的预订功能，改变了人们的消费方式。

⑥爱奇艺视频流媒体平台（2010 年）：由中国视频流媒体公司爱奇艺设计的在线视频平台，采用了便捷的用户界面和多元化的视频内容推荐功能，成为中国视频流媒体市场的领导者之一。

⑦滴滴出行网约车服务（2012 年）：由中国网约车公司滴滴出行设计的网约车服务，采用了便捷的用户界面和先进的订单管理技术，成为国内共享经济的代表之一。

⑧小红书社交媒体平台（2013 年）：由中国社交媒体公司小红书设计的内容社交平台，采用了直观的用户界面和独特的内容分享功能，成为国内社交媒体市场的代表之一。

⑨京东阅读电子书阅读器（2014 年）：由中国电子商务公司京东设计的电子书阅读器，采用了高清电子墨水屏和强大的数字书库功能，成为国内电子书市场的代表之一。

⑩华为智能手环（2014 年）：由中国华为公司设计的智能健康手环，采用了高精度的传感器和强大的数据管理功能，成为国内智能健康设备的领导者之一。

⑪抖音短视频平台（2016 年）：由中国短视频公司字节跳动设计的短视频平台，采用了独特的短视频制作和分享功能，成为短视频市场的领导者之一。

⑫字节跳动飞书（2020 年）：由字节跳动推出的企业办公协作平台，集成了即时通信、文档协作、云盘、任务管理等功能，飞书以其高效的协同工作能力和智能化的办公工具，成为越来越多企业的首选办公平台，特别在远程办公和数字化转型中发挥了重要作用。

⑬菜鸟裹裹智能寄件柜（2021 年）：由阿里巴巴旗下的菜鸟网络推出的智能寄件

柜，为用户提供了方便的快递寄送和收件服务。通过整合智能锁、扫码技术和云端系统，用户可以自助寄件，大大提升了快递的便捷性和效率。

1.7 未来设计的多元化格局

随着科技的不断发展，产品设计的未来将会呈现出多元化的格局。这种多元化不仅体现在设计的技术和工具上，也体现在设计的理念和挑战上。

1.7.1 新技术的影响

新的技术，如人工智能（AI）、虚拟现实（VR）和增强现实（AR）、3D打印和4D打印等，正在深刻地改变产品设计的面貌。这些技术不仅改变了设计师的工作方式，也为产品设计带来了前所未有的可能性。

以人工智能为例，它正在帮助设计师以全新的方式理解用户需求和预测市场趋势。美国GE航空航天公司就是一个很好的例子。他们结合工业设计和AI技术，开发了一种智能发动机设计系统。这个系统可以自动优化发动机设计，提高发动机性能和燃油效率，减少能源浪费和排放。

"开发颠覆性的飞机发动机需要颠覆性的运算能力。在超级计算机的加持下，GE航空航天工程师正在重塑未来飞行，并解决过去无法解决的问题。"GE航空航天副总裁兼工程总经理穆罕默德·阿里（Mohamed Ali）解释道，"与美国能源部橡树岭国家实验室合作，我们证明了超级计算机技术对于飞机发动机的设计意义非凡，为发动机油效的跃升打开了大门。这对于帮助航空业达成2050年净零碳排放目标至关重要。"这种设计工具的出现，使得设计师可以更加专注于创新和优化设计，而不是烦琐的计算和模拟（图1-16）。

同时，3D打印和4D打印技术也正在改变产品设计的生产过程。

近年来，安踏等国内运动品牌也在不断探索3D打印技术在鞋类产品中的应用（图1-17）。通过结合3D打印技术，安踏推出了一些定制款运动鞋，用户可以通过扫描脚部尺寸数据，并结合智能算法，生成符合个人脚型的鞋款设计。这种定制化的生产方式，不仅提高了鞋子的舒适性和功能性，还为用户提供了个性化的选择，提升了消费者的满意度。

图1-16　超级计算机"前沿"

此外，虚拟现实（VR）和增强现实（AR）技术也为产品设计带来了新的可能性。宜家（IKEA）公司就利用这些技术开发了一种虚拟家具设计工具。用户可以自动化地创建家具设计，提供更多的个性化定制选项和更好的用户体验。这种设计工具的出现，使得用户可以在购买前就能够清晰地预览产品，大大提高了购买决策的准确性。

而在汽车设计上，虚拟现实将使汽车设计更具可持续性。利用VR技术，设计人员只需要戴上虚拟现实VR头盔，就可以在虚拟空间内设计虚拟汽车模型，这样可以加强设计师对汽车整体和细节感觉的把控，实时对整车车型和细节作出调整以期达到最佳的状态（图1-18）。

2020年，设计工作室Space Popular为建筑协会创建了一个虚拟现实画廊，用以在画廊中导航，参观者可以看到在圆形房间内展示的60件艺术品，这些房间排列在多个层次上，犹如圆形剧场（图1-19）。

图1-17　3D打印跑鞋

图1-18　VR与汽车外观设计的结合

图1-19　亚瑟·玛姆·玛尼（Arthur Mamou-Mani）的圆形剧场Catharsis的虚拟剧场

　　数字孪生是一种超越现实的概念，即在一个物理系统（实物）的基础上，创造一个数字孪生体（图1-20）。数字孪生将在虚拟现实与现实世界互动中起到连接的作用，人们将这一技术应用在设计领域，可以加速未来的设计迭代，带来产品体验升级。

图1-20　由媒体平台Buildmedia所提供的新西兰惠灵顿的数字孪生

　　设计者通过数字孪生技术，形成一个人们工作、娱乐和社交的平行世界。戴维森奖得主HomeForest使用智能技术在家中重现"森林沐浴"（图1-21）。

图 1-21　虚实结合"森林沐浴"

　　HomeForest 为生活在城市的人们提供亲生物体验，其概念设想了一个"数字工具包"，可与移动和联网家庭设备配合使用，绘制用户的家和他们的日常习惯，以创建他们生活和工作环境的数字孪生（图 1-22）。

图 1-22　HomeForest 的数字孪生家庭概念图

　　HomeForest 的数字工具包与感官刺激相结合，在家里唤起了一种无边界的自然感，为人们提供了丰富的感官体验，仿佛置身于自然环境之中。

新的技术正在深刻地改变产品设计的面貌，带来了前所未有的可能性。设计师需要不断学习和掌握这些新技术，以适应产品设计的未来发展。

1.7.2　新理念的引入与新挑战的出现

新的设计理念将引导设计的发展，如循环经济和包容性设计。

循环经济强调产品的生命周期管理，通过设计实现资源的高效利用和循环利用。根据联合国环境规划署的报告，到2030年，全球循环经济市场将达到4.5万亿美元。

包容性设计强调设计的公平性和包容性，满足不同用户的需求和权益。据微软的研究，包容性设计可以提升企业的市场份额和用户满意度。

然而，新的技术和理念也带来了新的挑战。例如，隐私问题和伦理问题将成为产品设计的重要考虑因素。设计师需要在设计产品时充分考虑到用户的隐私权和数据安全，避免设计出可能侵犯用户隐私的产品（图1-23）。同时，设计师也需要考虑到产品设计的伦理问题，如产品的公平性、透明性和责任性。

图1-23　隐私安全

第 2 章

产品设计与
人本的融合
创新

2

在当今竞争激烈的市场环境中，产品设计不仅仅是外观和功能的简单结合，更是对用户需求和体验的深刻理解与回应。随着科技的进步和用户期望的提升，设计师面临着前所未有的挑战与机遇。他们不仅要满足用户的基本需求，还要在设计中融入情感因素，提升用户的整体体验。这一趋势催生了"产品设计与人本的融合创新"这一理念，其核心在于通过创新手段将人本因素深度融入产品设计的各个环节。

2.1 以人为本的设计理念

随着社会的发展和人民生活水平的提高，人们对于产品和服务的期望已经发生了巨大的变化。过去，用户对于产品和服务更多地关注功能性和实用性。然而，随着科技的迅速发展和社会的进步，用户对产品的期望也变得更加广泛和多样化。现代用户不仅关注产品的功能和性能，更注重产品是否符合他们的价值观、是否易于使用、是否提供良好的用户体验以及是否能够满足其需求和带来愉悦感。

在这样的环境下，以人为本的设计理念应运而生，旨在更好地满足用户需求和提升用户体验。这一设计理念将用户的需求、期望和体验置于设计过程的核心，强调人的中心地位。在以人为本的设计理念中，设计师要与用户进行持续的互动和参与，从用户的角度出发，了解他们的目标、需求和挑战。这包括观察用户行为、进行用户研究、收集用户反馈等。设计师通过这些方法获取洞察力，以此为基础进行创新和设计决策。通过以人为本的设计理念，设计师能够更好地迎合用户的期望，创造出更具有人性化、实用性和可持续性的产品。

2.1.1 以人为本的设计理念的发展历程

以人为本的设计理念的发展并不是一蹴而就的。在过去，产品设计主要关注产品的功能和性能。设计师将重点放在如何实现功能和解决问题上，而不太考虑用户的需求和体验。随着对用户体验重要性的认识不断增长，设计界开始关注用户行为和需求，并强调从用户的角度出发，了解他们的需求、期望和情感，并将其作为设计过程的重要因素。回溯历史，以人为本的设计理念的发展可以分为以下几个阶段。

（1）阶段一：人机工程学的兴起

20世纪40～50年代，人机工程学的兴起奠定了以人为本的设计的基础。人机工程学旨在研究人类与机器之间的交互，并致力于改善机器设计以适应人类的需求和能力。在这一时期，人机工程学专家开始关注人类在工作环境中的安全性、效率和舒适度。他们开始对人类的感知、认知和人体工程学进行深入研究，以了解如何设计更符合人的需求的机器界面和操作方式。

人机工程学（也称人因工程学）的概念是由美国心理学家阿尔冯斯·查潘尼斯（Alphonse Chapanis）在 20 世纪中期提出并发展起来的。在第二次世界大战期间，军事设备和飞行器的复杂性增加，导致操作失误频发，尤其是在飞行员使用飞行仪表时。阿尔冯斯·查潘尼斯和其他心理学家受命研究这些操作失误的原因。他们发现许多问题并不是由于飞行员的错误，而是由于设备设计不合理。例如，B–17 轰炸机的起落架控制杆和襟翼控制杆相似，导致飞行员经常混淆。之后，查潘尼斯通过重新设计控制杆的形状和位置，显著减少了误操作。这一实践不仅显著降低了飞行事故的发生率，展示了人机工程学在提高操作安全性和效率方面的潜力；还标志着人机工程学的诞生，展示了其在军事应用中的重要性。

战后，查潘尼斯继续推动人机工程学的发展，并在多个领域进行应用。其在 1951 年出版的《人类工程学：对人类性能的科学研究》一书，是人机工程学领域的经典著作之一。

（2）阶段二：人机交互领域的发展

20 世纪 70 ~ 80 年代，人机交互领域的发展推动了以人为本的设计。人机交互设计师开始探索如何让用户更轻松地与技术互动，并提出了一些关键概念，如用户友好性、用户界面设计和用户参与。在这一时期施乐公司帕洛阿尔托研究中心（Xerox PARC）实验室的研究和发现是以人为本设计理念发展中的一个关键。

Xerox PARC 是帕洛阿尔托研究中心的缩写，它是当时全球最高水平的计算机科学研究机构之一。图 2-1 所示的是其在计算机科学上

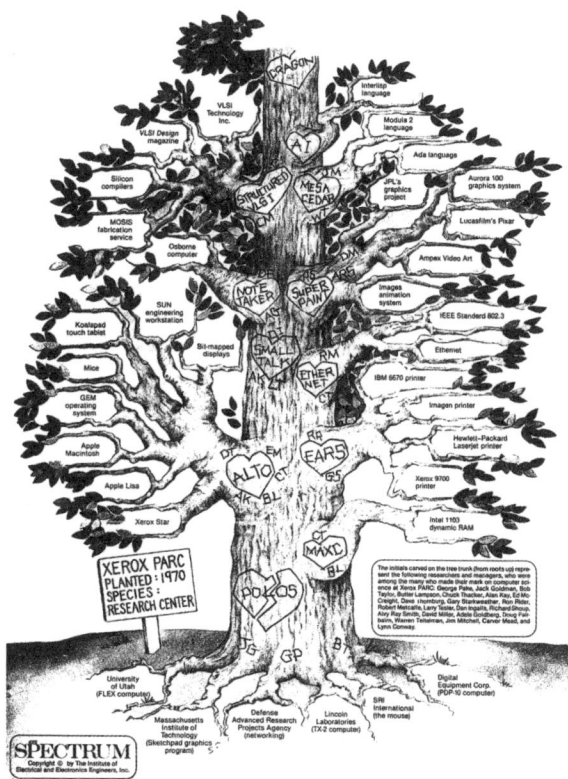

图 2-1　研究中心在计算机科学上取得显著成绩的人员 ❶

---

❶　Tekla S. Perry, Paul Wallich, "Inside the PARC: the 'information architects,'" *IEEE Spectrum* 22, no.10.(1985): 62–76.

取得显著成绩的人员。研究人员在图形用户界面和多媒体技术方面取得了重要突破。他们提出了图形用户界面（GUI）的概念，通过使用图标、窗口和鼠标作为主要的操作方式，极大地简化了计算机的使用方式，并提高了用户的可视化交互体验。

研究中心还引入了WYSIWYG（所见即所得）编辑器和打印机，使得用户能够实时看到编排、排版和打印的结果，提高了内容创作的效率和准确性。此外，他们还研发了以太网和局域网技术，这些技术为电脑之间的信息共享和协作提供了基础。在此基础上，Xerox PARC研发了如图2-2所示的Xerox Alto计算机（图2-2），它是一台具有图形用户界面和鼠标控制的个人计算机，也是世界上第一台商用个人计算机之一。Xerox Alto的设计和功能为后来的个人电脑奠定了基础，影响了整个计算机行业发展的同时，也让以人为本的设计发展更向前走了一步。

图2-2　Xerox Alto计算机

（3）阶段三：互联网与Web技术助力人本设计的发展

20世纪末，互联网的普及和Web技术的迅猛发展让人们对用户体验的重视不断增加。这个时期见证了互联网从一个专业领域进化为大众化工具，并对人们的生活方式、沟通方式和信息获取方式产生了巨大影响。用户体验设计开始成为一门独立的学科，并引入了更多关于用户行为、情感和功能需求的概念。关键的概念包括用户研究、用户旅程和可用性测试等，从而使得产品设计更加以人为本。

英国计算机科学家蒂姆·伯纳斯-李（Tim Berners-Lee）发明的超文本传输协议（HTTP）和万维网（World Wide Web），使得内容的传播和访问变得更加简单和便捷，极大地拓宽了人们获取信息和交流的渠道。如图2-3所示是伯纳斯-李在欧洲核子研究组织（CERN）时使用的NeXT计算机，它也是世界上第一台网络伺服器。随后，随着互联网的普及，Web技术也得到了巨大的发展。网页设计和开发逐渐引入了图形设计、用户体验和交互设计的概念，旨在提供更好的用户体验和界面设计。

图 2-3　伯纳斯–李在 CERN 时使用的 NeXT 计算机，成为世界上
第一台网络伺服器

1995 年，雅虎、谷歌和 eBay 等著名的互联网公司相继成立，它们推动了互联网商业化的发展。与此同时，电子商务开始崭露头角，人们可以在线购物、进行银行交易和与他人进行电子邮件交流。这使得用户体验和可信度成为电子商务成功的关键要素，促使企业开始关注并投资于用户体验设计。

总的来说，1990—2000 年是以人为本设计理念发展的一个重要时期。互联网的发展和 Web 技术的兴起改变了人们的生活方式和信息获取方式的同时，也催生了对用户体验和界面设计的关注和改进，并对以人为本的设计理念和交互设计的发展产生了深远影响。

（4）阶段四：移动网络带来的改变

21 世纪初，社交化和移动互联网的兴起进一步推动了以人为本的设计。社交媒体、移动应用和云计算技术的普及改变了用户行为和体验。此时，以人为本的用户体验设计开始强调个性化、情感化和移动化等方面的设计。

2000 年，诺基亚发布了第一款具备互联网功能的移动电话（诺基亚 7110），如图 2-4 所示，这标志着智能手机的时代的开始。随着移动设备的普及，人们开始依赖移动技术来获取信息、进行日常任务，并与他人进行即时沟通。移动设备的出现随之推动了移动应用的发展。随着各类应用商店的推出，用户可以方便地下载和使用各种应用程序，从而丰富了他们的移动设备体验。以人为本的用户体验设计在移动应用开发中变得至关重要，以确保应用程序的易用性、功能性和个性化。

另外，在这个时期，用户中心设计（user-centered design）和用户体验设计（user

图2-4 诺基亚7110

experience design）的概念得到了进一步发展和重视。设计师开始将用户的需求和期望放在设计过程的核心，通过研究用户行为和反馈来改善产品和服务的设计。

总而言之，移动设备的普及、移动应用的兴起，对人们的生活方式、社交行为和信息传播方式产生了深远影响，并为以人为本设计理念的发展带来了新的机遇和挑战。

（5）阶段五：情感化设计与新兴技术的链接

21世纪10年代至今，以人为本的设计理念越来越受到关注。情感化设计成为一个热门的话题，人们开始研究如何通过情感化计算技术来创造与用户有情感联结的产品和服务。个性化、参与性和用户中心设计成为设计的重要考虑因素。此外，人工智能和物联网的快速发展为以人为本设计理念的发展中注入了新的活力。

在这一时期，人工智能和物联网开始广泛应用于各个领域。人工智能技术如语音识别、机器学习和自然语言处理等，为人们提供了更智能化、个性化的产品和服务；而物联网的普及拓宽了人本设计的发展路径，通过设计智能设备之间的互动和用户与设备的界面，为人们提供了更便捷、安全和美好的生活体验。在这样的基础上结合情感化设计，如智能助理Siri（图2-5）、Alexa和谷歌助手等的出现，充分体现了以人为本的设计理念发展到了阶段性的高度。这些智能助理使得人们可以通过语音与设备进行交互，完成自己对移动设备的操作需求，改善了用户体验，提供了更精准的推荐和个性化服务，实现了用户与产品更直接的交互和情感联结。

图2-5 苹果语音助手Siri的视觉图标

总的来看，情感化设计的兴起让人们更加关注产品设计中用户的情感需求；人工智能的应用使得产品和服务更加智能化和个性化；物联网的普及改变了人们与设备和环境的交互方式，这些技术的发展为以人为本设计理念的前进注入了前所未有的活力，引领了新的设计趋势和技术创新。

2.1.2　以人为本的产品设计原则

除了研究方向的演进，在如今，以人为本的产品设计原则也逐渐明晰。设计师在进行产品设计时遵循以人为本的设计原则可以提升用户体验、增加产品价值、降低使用难度、增加用户参与度和提高社会责任感。这不仅有利于用户和企业，还有助于推动整个设计行业朝着更加人性化和可持续的方向发展。以下是以人为本的产品设计原则的一些核心内容。

（1）用户体验

以人为本的设计首先需要关注用户体验。设计师应该深入了解用户的需求、行为和期望，以提供简单、直观且易用的产品和服务。他们应该研究用户的情感反应，并创造积极愉悦的用户体验。良好的用户体验能够提升用户满意度和忠诚度、吸引新用户的兴趣、节约成本和时间、增加业务增长和利润。

亚马逊（Amazon）是一个以用户体验为中心的在线购物平台，如图2-6所示。他们简化了购物流程，使用户能够轻松浏览和购买产品；采用了先进的推荐算法，根据用户的购买历史和浏览偏好，提供个性化的产品推荐；提供了优质的客户服务，包括快速的物流服务、简便的退款和售后支持等。通过以上注重用户体验的以人为本的设计策略，用户感受到了个性化的关怀和关注，购物的便利性和效率得到了提升，亚马逊逐渐成为全球最大的在线零售平台之一。

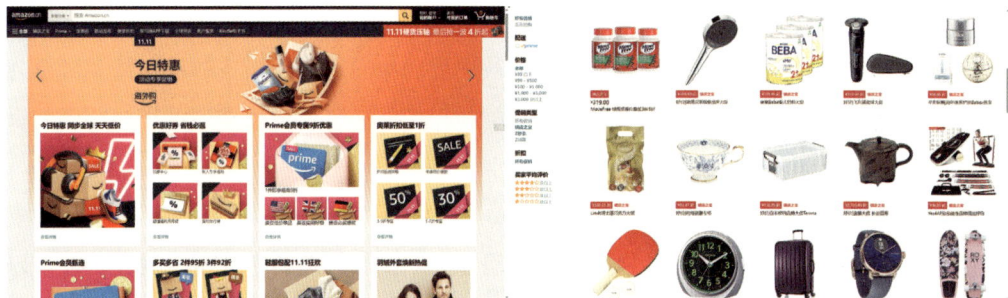

图2-6　亚马逊购物平台

（2）情感化设计

情感化设计是以人为本的设计的重要组成部分。设计师需要考虑如何在设计中引发用户的情感共鸣和连接，让用户在使用产品或服务时产生积极的情感体验。它强调通过创造与用户建立情感联结的体验，从而增强用户与产品的情感互动和认同感。

如图2-7所示的戴森Supersonic吹风机是一款具有创新设计和情感化体验的产品。它不仅具备出色的功能，为用户提供快速、高效的吹风体验，而且注重产品的美学设计。其流线型外观和简洁的构造使其看起来非常时尚和高档，让用户在使用时不仅享受到功能上的便利，还能感受到一种美学上的愉悦。此外，戴森Supersonic吹风机还通过创新的设计将吹风噪声降至最低，使用户在使用时能够享受更加安静和舒适的体验。此外，其重心平衡的设计和轻量化的构造也使得握持更加舒适，减少了使用时的疲劳感。并且它还提供了多种风速和温度设置，使用户能够根据自己的需求灵活调整吹风效果；同时，它还能够根据用户不同的头发类型和状态自动调整风速和温度，从而提供个性化和定制化的吹风体验。戴森Supersonic吹风机通过独特、创新且以人为本的情感化的设计，不仅实现了吹风功能的优化，还让用户在使用过程中感受到时尚、舒适和个性化的情感化体验，从而在市场上占据了领先地位。

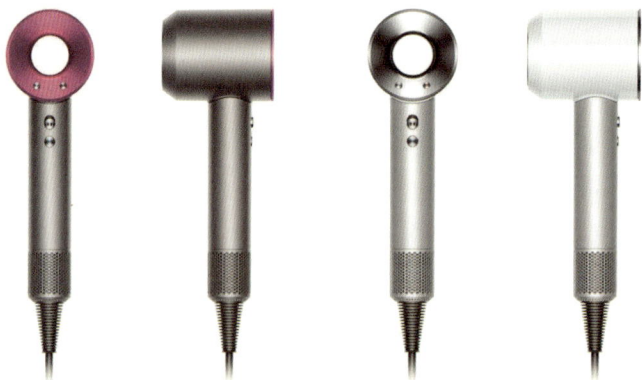

图2-7　戴森Supersonic吹风机

（3）可用性和易用性

设计师应该注重产品和服务的可用性和易用性。他们需要将用户的认知特点和行为习惯纳入设计过程中，确保用户可以轻松理解和操作。同时，设计师应该提供明确的反馈和帮助，以解决用户可能遇到的问题。

如图2-8所示是华为推出的FreeBuds Pro 3无线耳机。它去除了传统耳机线缆的束缚，通过无线连接提供了便捷的使用体验。用户无须担心线缆纠缠或被限制移动，可以自由地享受音乐、通话等功能。产品可通过触控、语音指令实现操作，靠近华为设备会自动弹窗配对，搭载HarmonyOS 4操作系统，可与华为超级终端轻松匹配，支持双设备无缝切换，提供简捷的使用体验。此外，FreeBuds Pro 3借助三麦克风混合降噪系统和AI算法，能精准识别并实时计算耳内外噪音，动态定制降噪效果，提供稳定可用性；耳机整体线条流畅，耳塞部分圆润，设有XS、S、L三种不同尺寸的耳塞选项，减少耳

朵负担的同时确保不同用户找到适合自己的完美贴
合,使用户可以轻松地进行多种活动。

从上述内容我们可以看出,华为 FreeBuds Pro 3
的产品设计充分体现了产品的可用性与易用性,使
得用户在生活中的不同场景下都可以轻松使用该产
品,大大提升了使用体验和用户满意度。这种关注
用户需求和提供优化体验的设计理念都是以人为本
思维的充分体现。

图2-8　华为 FreeBuds Pro 3 无线耳机

（4）可访问性

以人为本的设计应该注重可访问性,以确保产品和服务可以被尽可能多的人使用。
设计师应该考虑到不同人群的特殊需求,如残障人士、老年人和非母语用户等,确保他
们能够平等地使用产品或服务。为此,设计师需要提供适应性设计和功能,以满足不同
用户群体的需求。

谷歌的 Pixel 4 手机（图2-9）就具备了优秀的可访问性设计。首先,Pixel 4 手机支持
触觉反馈,它的背部具备触碰感应技术,称为 Soli 雷达。这个雷达可以感知用户的手势,
例如挥动手势来控制音乐播放或挥动手指来切换照片。这种触觉反馈不仅为用户提供了直
观的操作方式,而且对于视觉障碍用户来说尤为重要。其次,Pixel 4 手机内置了谷歌助手
这样的语音反馈,用户可以通过语音与手机进行交互。这对于视力障碍或运动障碍的用户
来说,是一种方便的操作方式。用户可以通过语音指令来拨打电话、发送短信、开启应用
等。再次,Pixel 4 手机支持调节字体大小、字体样式和显示尺寸等设置,让用户能够根据
自己的需求进行个性化调整。这对于视力障碍用户来说非常重要,因为他们可以根据自己
的视力程度选择合适的显示设置。最后,Pixel 4 手机还支持多种操控方式,包括触摸屏、
语音指令、手势控制等。这些多样化的操作方式可以满足不同用户的需求,无论是双手操
作困难的用户还是手部肌肉控制有限的用户,都能够找到适合自己的操控方式。

图2-9　Pixel 4 手机

（5）社会责任

设计师在以人为本的设计中应该承担社会责任。他们需要考虑设计的影响，避免负面影响和滥用。设计师应该尊重用户的隐私和数据安全，确保设计符合伦理和法律规范。

随着科技的发展，各种智能产品逐渐进入了我们的生活，如智能手表、智能摄像头、智能控温器等，这些智能产品的出现将我们的生活场景串联，可以为我们的生活带来更舒适便利的体验。但作为需要收集用户数据以作出相应反馈的智能产品，都会面临用户数据安全和隐私保护的问题，因此，设计师应该采取措施确保这些数据的安全。例如，采用严格的数据加密和安全传输协议，确保用户的敏感数据不会被未经授权地访问。

此外，设计师还应避免产品被滥用，并考虑用户对自己数据的所有权和控制权，以保护用户和其他人的权益，还要使产品避免具备潜在的监控他人的隐私或非法监控活动的功能，并在产品设计中强调用户合法、道德和合规使用的指导性信息。这样的设计才能平衡产品的功能和便利性与用户权益的保护，确保用户享有更加安全、可信赖和舒适的使用体验。

因此，设计师在对产品应用以人为本的设计策略时，应时刻谨记在产品设计中的社会责任，让人本思想体现在产品的方方面面，将人本体验最大化，风险最小化。

（6）持续改进

以人为本的设计是一个持续的过程，并不是一次性完成的。设计师应该不断收集用户反馈和数据，并进行改进和优化。他们需要持续关注用户的变化需求和行为，适应新的技术和环境，以不断提升用户体验和满意度。

上述内容就是以人为本的产品设计原则，遵循这些原则可以确保产品能够满足用户的需求和期望。通过深入了解用户的需求和行为，设计师可以创造出功能强大、易于使用和符合用户期望的产品。这可以提高用户的满意度，促进产品的成功并增强用户对产品的忠诚度。

同时，由于以人为本的设计关注用户的整体体验，通过提供流畅、直观和愉悦的用户体验，设计师可以促进用户的参与度和愿意使用产品的程度。此外，以人为本的设计原则考虑人类因素，如人体工程学、认知心理学、人类行为等。这些因素帮助设计师了解用户如何与产品交互，提供符合用户习惯的界面、交互方式和设计风格。通过关注用户的行为和需求，设计师可以创造出更直观、高效和舒适的产品。且以人为本的设计原则强调不断的反馈和迭代。设计师与用户保持紧密的联系，收集用户的反馈和意见，并将其反馈到产品的持续改进中。这种持续的反馈循环可以帮助设计师进一步改进产品的性能、功能和用户体验，以满足不断变化的用户需求。

综上所述，遵循以人为本的设计原则确保产品能够满足用户的需求和期望，并提供优秀的用户体验。这有助于增加产品的市场竞争力，提高用户满意度，并为产品的持续改进奠定基础。

2.2　情感化设计与情感计算

在前面的章节中我们已经明确知道了情感化设计在以人为本的设计思想中的重要性。一个成功的产品不仅需要功能性，而且需要引发用户的情感反应。人本设计思想要求设计师在进行产品设计时还要着重关注用户对产品的情感需求，用户因产品产生的情感反应可以极大地影响他们对产品的接受程度，甚至可能影响他们的购买决定。

2.2.1　情感化设计在产品设计中的重要性

"情感化设计"其实可以理解为带有感情的设计，是一种设计心理学概念。而这个词最早出自美国认知心理学家唐纳德·诺曼（Donald Authur Norman）的同名著作《情感化设计》（*Emotional Design*）。情感化设计的核心理念是要将人的情感和情绪因素融入产品设计中，以创造与用户建立情感联结的产品体验。它不仅关注产品的功能和性能，还通过设计元素和交互方式来引发用户的情感反应，从而提供更加愉悦、满意和有意义的用户体验。同时，情感化设计关注用户情感需求，运用情感元素传达和引发用户情感，通过优化用户体验和建立品牌情感来加强与用户的情感联结。

（1）情感化设计对产品设计的影响

将情感化设计应用到产品设计中，不仅可以提升产品的用户体验，还可以影响用户对产品的态度与购买意向，从而助力产品的商业成果。其具体影响如下。

①情感反应影响用户接受程度：用户在选择和使用产品时，其情感反应起着重要的作用。如果产品能够引发积极的情感反应，如喜爱、喜悦、亲近等，用户将更倾向于接受和使用这个产品。情感反应可以增加用户的亲和力，并建立用户与产品的情感联结，从而提高产品的吸引力和用户的满意度。

②情感反应影响购买决策：用户的购买决策往往受到情感的驱使。当一个产品能够唤起用户的情感共鸣和满足情感需求时，用户更有可能购买这个产品。比如，一个设计精美、外观吸引人的产品可能会激发用户的购买欲望，用户会因为其外观而愿意为之付出。

③情感化设计增强用户忠诚度：情感联结可以加强用户对产品的忠诚度。当用户

建立了情感联结，对产品产生了积极的情感反应，他们更有可能持续使用产品，并愿意成为品牌的忠实粉丝。通过情感化设计创造的用户体验和情感联结可以激发用户的忠诚度，使其更倾向于回购和推荐产品。

④情感反应建立品牌认同：情感化设计有助于塑造和传达品牌的情感价值观和个性。当品牌能够与用户建立情感联结时，用户会更加认同和信任该品牌。情感化设计可以通过独特的设计元素和情感反应唤起用户对品牌的情感联结，从而建立品牌认同和品牌忠诚度。

综上所述，一个成功的产品需要引发用户的情感反应。情感反应不仅影响用户对产品的接受程度，还可能影响用户的购买决策和品牌忠诚度。通过情感化设计，产品可以唤起积极的情感反应，建立用户与产品的情感联结，并增加用户对产品的喜爱和信任。

（2）情感化设计在产品设计中的应用

LEGO乐高积木之所以成为全球最受欢迎的积木品牌之一，其中一个重要的原因就是它的情感化设计。

LEGO乐高积木通过提供简单的积木元素和组合方式，甚至可以作为教具，激发用户的创造力和想象力，如图2-10所示是乐高第一代教具LegoRCX。这种设计培养了用户的创造力和思维能力，使他们能够构建自己的结构和模型。用户可以根据自己的喜好和想法，通过不同的组合和排列方式创建独特的作品，这种个性化的创造过程为用户带来了愉悦和满足的情感体验。并且在搭建积木的过程中，用户可以面临一些挑战和解决问题的机会，这激发了他们的情感参与和成就感。除了在其玩法的设计上，乐高积木还采用了明亮的颜色、丰富的纹理和质感，以及易于握持的形状。这些设计元素增加了用户与积木的互动感，并为用户带来触觉和视觉上的满足感，从而为其带来了情感上的满足感。

图2-10 乐高第一代教具LegoRCX

乐高还十分注重与用户的共同成长。LEGO 提供了不同等级和难度的积木套装，从简单的开始逐渐增加复杂性，以适应用户的年龄和技能水平。这种设计使得 LEGO 乐高积木成为伴随用户成长的产品，用户可以随着时间的推移逐渐挑战更高级的积木和建筑项目。这种共同成长的体验增强了用户与产品的情感联系，并促使用户对 LEGO 乐高品牌的忠诚度。

此外，LEGO 乐高积木还鼓励用户通过该产品进行社交上的互动与合作。用户可以与家人、朋友或其他乐高爱好者一起玩耍，并共同参与创造。这种社交互动带来的情感体验使得玩乐高成为一种有意义的和与人建立联结的活动。用户可以通过分享积木作品和建议，与其他玩家交流创意和灵感，这进一步加强了用户对乐高品牌的认同和忠诚。

总而言之，LEGO 乐高积木通过情感化设计，为用户提供了创造力和无限可能性，并鼓励用户进行社交互动和合作。它还注重感官体验和情感联结，为用户提供愉悦和有意义的情感体验。这种情感化设计使得用户对乐高品牌产生持久的情感联结，并对其产品保持忠诚度。这进一步证明了情感化设计在产品设计中的重要性，它不仅满足用户的功能需求，还在情感层面与用户建立联系，影响了用户对产品的接受程度和购买决策，从而使乐高成为全球最受欢迎的积木品牌之一。

2.2.2　情感计算在情感化设计中的应用

（1）情感计算的概念

情感计算是通过计算机技术来理解、分析和量化人类情感和情绪的过程。它利用自然语言处理、机器学习和人工智能等技术，从文本、语音、图像或生物信号等数据中提取情感信息，并进行情感分析和情绪识别。

情感计算的目标是为计算机赋予理解和处理人类情感的能力。它可以帮助计算机识别和理解用户在文本、语音和图像等数据中表达的情感状态，如喜悦、悲伤、愤怒、厌恶等。通过情感计算，计算机可以对用户的情感进行分析和评估，并作出相应的决策和回应。情感计算可以应用于各个领域，包括社交媒体分析、舆情监测、情感推荐系统、人机交互等。它可以帮助企业了解用户需求和情感反馈，改善产品和服务，提高用户体验。此外，情感计算也可以在医疗健康领域用于情绪识别、情感监测和心理治疗等方面的应用。情感计算的目标是深入了解用户的情感需求和反馈，为产品设计提供参考和指导。

（2）情感化设计与情感计算的结合

情感化设计和情感计算在产品设计中是可以互相支持和补充的，将情感计算应用于产品的情感化设计中，可以帮助设计师理解用户的情绪需求，设计出满足用户情感需求的产品。如图 2-11 所示是情感化设计与情感计算在产品设计中的结合示意图。

图2-11　情感化设计与情感计算在产品设计中的结合

情感化设计是将情感因素融入产品设计中，以创造与用户的情感联结的体验。它强调的是通过设计元素、交互方式和用户体验等方面来引发用户的情感共鸣和情感反应。情感化设计的核心包括理解用户的情感需求、运用情感元素、情感化的用户体验和建立品牌情感。

在产品设计中，情感化设计可以借助情感计算的技术来更好地理解用户的情感需求和反应。一方面，情感计算可以对用户在使用产品过程中的情感进行分析和评估，从而帮助设计团队更好地把握用户的情感体验和反应。例如，在社交媒体分析中，情感计算可以帮助产品设计团队了解用户在社交互动中的情感状态，从而进行情感化的产品设计和服务优化。另一方面，情感化设计的原则和理念也可以指导情感计算的应用。通过情感化设计的视角，情感计算可以更加关注和利用用户情感因素的分析和计算。例如，在情感推荐系统中，可以基于情感化设计的理念，将用户的情感状态和偏好考虑进算法模型，从而提供更加精准和个性化的推荐服务。

（3）情感化设计与情感计算的应用思考

在了解了情感化设计和情感计算在产品设计中基本的应用概念后，让我们设想，假如有一款智能音箱产品，我们将思考如何将情感化设计和情感计算应用于该产品中，如图2-12所示是一种应用方式。

图2-12　情感化设计与情感计算在智能音箱产品设计中的应用

首先，我们可以使用情感计算中的语音识别技术来进行情感识别和分析，分析用户的语音特征和语调，以识别用户的情感状态。例如，当用户说话时，系统可以根据声音的音调和语速来判断用户是否兴奋、激动或平静。这将帮助智能音箱更好地理解用户的情感需求，并提供相应的反馈和服务。

其次，我们可以通过自然语言处理技术来生成情感化的语音回应。当用户表达自己的情感时，智能音箱可以通过调整语气、音调和用词来传达相应的情感。例如，当用户感到沮丧或疲惫时，智能音箱可以表达关心或鼓励的语音回应，以提供情感上的支持。

再次，我们通过情感化设计可以根据用户的情感需求和喜好，提供个性化的反馈和服务。例如，当用户在特定时间段或情感状态下使用智能音箱时，系统可以根据用户的喜好调整音乐、故事或提供心理疏导等内容，以满足用户的情感需求。

最后，我们可以通过用户反馈和情感度量来评估产品的情感化效果。通过用户调查、情感评分和情感分析等手段，可以获得用户对智能音箱的情感反应和满意度。这些数据将帮助设计团队了解产品的情感联结效果，并作出相应的改进和优化。

像这样通过将情感化设计和情感计算应用于智能音箱产品中，可以实现与用户的情感联结，提供个性化的情感化体验，并评估产品的情感化效果。这将提升用户对产品的情感认同和满意度，建立更深层次的情感联结，从而增强用户的忠诚度和长期使用意愿。

（4）情感化设计与情感计算在产品设计中的应用案例

目前行业中已经出现了许多将情感计算应用到情感化产品设计中的成果案例，相关方法与设计策略的探索为情感计算在产品情感化设计中的应用带来了深远的影响。

微软推出的 Emotion API 是一种情感计算工具，可通过图像识别技术来分析用户的情感状态。该技术已被应用于多个领域，包括市场调研、广告和游戏等。Emotion API 可以对用户的表情进行解析，并将其识别为七种基本情绪：愤怒、厌恶、害怕、快乐、悲伤、惊讶和中性。该 API 基于深度学习模型，可以对人脸图像的特征进行分类和评分。基于此，设计师可以使用 Emotion API 来收集用户对产品、广告或其他数字内容的情感反应，通过分析用户在观看特定广告或与产品互动时的表情，了解用户的情感偏好，进而作出针对性的优化和改进。

在广告设计方面，Emotion API 可以帮助设计师评估广告的情感吸引力和效果。通过收集用户在观看广告时的表情反应，可以了解用户对广告内容的情感体验。若广告引起用户的愉悦、快乐或惊讶等积极的情感反应，设计师可以进一步优化广告的情感元素，以提高广告的吸引力和传达目标情感。

在产品设计方面，Emotion API 可以帮助设计师评估产品界面、功能或交互的情感影响。通过分析用户使用产品时的表情反应，可以了解用户对产品的情感认同程度。若用户在使用产品时表现出积极的情感，设计师可以借助 Emotion API 的数据指导，加强产品的情感化设计，进一步提升用户的情感联结和满意度。此外，Emotion API 还可以帮助设计师进行情感测试和市场调研。通过分析用户在观看特定内容或参与特定活动时的表情反应，设计师可以预测用户对产品、服务或广告的情感偏好，从而优化产品的情感化体验和营销策略。

通过 Emotion API，我们可以看到情感计算在产品设计中的潜力。Emotion API 提供了一种强大的工具，能够帮助设计师理解和预测用户对产品、广告和内容的情感反应，并根据这些数据指导设计和优化。通过情感计算的应用，可以更好地建立用户与产品之间的情感联结，进行产品的情感化设计，提升用户满意度，增强用户对产品的情感认同，从而实现更好的商业效果。

2.3　体验设计与服务设计

人本设计的核心就是要以人的需求、期望和体验为出发点进行设计，它强调设计师需要深入理解用户的行为、情感、认知和心理，以满足用户真实的需求并为其提供愉悦的体验。而围绕"体验"这一核心理念，设计界中还存在着体验设计与服务设计的概念。

内森·谢佐夫（Nathan Shedroff）在《体验设计》（*Experience Design*）中给出了体验设计的定义：体验设计是将消费者的参与融入设计中，是企业把服务作为"舞台"，把设计作为"道具"，把环境作为"布景"，使消费者在过程中感受美好体验的设计。体验设计是设计概念在信息时代及体验经济形态下的一种升华，是在一种新的经济形态背景中萌生出来的新的设计观与新的设计方法和新的设计理念，更强调设计能够给使用者带来情感上的交融，引发深刻的体验。它注重整体的用户体验，从用户的角度出发，关注情感、认知和行为等方面。体验设计的目标是打造独特、一致和有吸引力的用户体验，让用户能够享受到愉悦和满意的使用过程。

而服务设计是指为了提升服务质量，优化服务提供者与用户之间的关系，对服务的人员、设备、信息沟通和材料组成进行组织和规划的活动。简单来说，服务设计是一种思维方式，也是一种具体的方法论，旨在为人与人之间创造和改善服务，这些体验随着时间的推移发生在不同的接触点上。它强调合作以使得共同创造成为可能，使服务更加可用有用，有效高效；是全新的、整体性强、多学科交融的领域。

体验设计与服务设计是密切相关的概念，它们都是以人为本的设计方法，可以在设计、提供优质产品和服务方面相互支持和补充。

2.3.1　体验设计与服务设计间的"协作"与差异

体验设计与服务设计是相互关联和互补的概念，它们都关注用户需求和体验，致力于提供满足用户期望的产品和服务。在实践中，体验设计和服务设计经常是并肩合作的。体验设计提供了关于用户情感和感受的指导，为服务设计提供了用户体验的目标和方向。服务设计则为体验设计提供了实现用户体验目标的基础和支持，通过设计服务过程和关键触点，提供支持用户愉悦体验的各种服务。通过协同工作，设计团队可以确保从用户需求的识别、产品设计、服务交付和用户关怀的整个过程中，用户获得一致和完整的愉悦体验。体验设计和服务设计的结合，可以帮助企业创造出满足用户期望、提供卓越体验的产品和服务，从而实现用户满意度和忠诚度的提升。

虽然它们之间存在着共同点与协作关系，但分开来看，二者也存在着明确的差异。

体验设计侧重于创造积极、有意义和愉悦的用户体验。它关注用户与产品或服务的各个接触点和交互，包括界面设计、互动设计、视听效果等方面。体验设计强调用户情感和感受，通过塑造用户对产品或服务的整体认知和印象，提供有价值的体验。

服务设计则侧重于整个服务过程的设计和优化。它考虑从用户需求的识别，到服务交付、后续支持和用户关怀的全过程。服务设计通过设计服务生态系统中的各种渠道、交互和关键触点，来确保整个服务过程的顺利和高效。它注重用户的参与度、个性化需求和关怀，以提供卓越的服务体验。

体验设计与服务设计在不同的维度上有着显著的差异，这样平铺直叙的方式可能无法直接地体现它们之间的不同之处。让我们从不同维度，更加深入地了解体验设计与服务设计的差异。

①重点不同：体验设计注重用户感受和情感，侧重于创造积极、有意义和愉悦的用户体验。它关注用户与产品或服务的各个接触点和交互，包括界面设计、互动设计、视听效果等方面。而服务设计则更注重整个服务过程的设计和优化，将用户需求识别、服务交付、后续支持和用户关怀等方面纳入考虑范围。

②范围不同：体验设计聚焦于产品或服务的用户界面和互动，追求在产品或服务的每个触点上提供良好的用户体验。这包括了用户的直接接触和感受，如界面布局、交互设计、色彩搭配等。服务设计则更关注整个服务生态系统的设计，包括用户需求的识别、服务交付的过程、支持和关怀等环节。

③用户参与度不同：体验设计更加注重用户的主观体验和参与度。它鼓励用户积极参与和与产品或服务进行互动，以提供更加个性化和定制化的体验。而服务设计则更关注整个服务过程中用户的参与程度，例如与客服人员的互动、与服务系统的交互等。

2.3.2 体验设计与服务设计在产品设计中的应用案例

如图2-13所示的Embrace2是一款专为癫痫和其他脑电异常监测而设计的智能可穿戴设备。它通过脑电图（EEG）技术监测手腕上的脑电波活动，并记录和跟踪用户的脑电活动，提供准确的监测结果和个性化建议。在体验设计方面，它注重舒适性、便携性和直观的操作，使用户能够轻松地监测和管理他们的脑电活动。

图2-13　Embrace2设备与应用程序

为了达到这一目标，Embrace2在设备设计上采用柔软的材料和人体工学设计，以适应不同手腕的大小，并提供可自定义的佩戴选项，确保用户能够舒适地佩戴并随时监测。同时，它还配备了一个易于操作的触摸屏界面，简洁直观，用户可以轻松地查看监测数据、设置提醒和与设备进行交互。通过基于应用程序的数据可视化方式，用户可以更直观地观察到自己的脑电活动和相关指标，从而更好地了解自己的健康状况，并在需要时采取相应的措施。

除了用户使用产品过程中感知到的优质体验，服务设计在Embrace2的成功中也起着关键作用，尤其表现在数据存储和分析、警报和通知等方面的高质量服务。

在数据存储和分析方面，Embrace2设备将采集到的脑电数据存储在云端平台上。这里的服务设计着重保证了数据的安全性和隐私性，并提供高速和可靠的数据存储。此外，平台还利用数据分析和算法，向用户提供了更深入的脑电监测结果和个性化建议，确保数据的准确性和为用户提供有价值的信息。

而在警报和通知方面，Embrace2则通过考虑重要的接触点和利益相关者，实现了自动发送警报和通知的功能，根据用户设定的条件和阈值，来提醒用户及其团队可能发生的癫痫发作和其他脑电异常情况，以确保警报能够准时、准确地送达，并提供相应的支持和建议。通过这样的服务设计，Embrace2能够提供及时的警示和有效的支持，增强了用户的安全感和信任度。

从中我们可以看出，Embrace2通过体验设计和服务设计的合作，以提供用户体验的舒适性、易用性以及监测和支持的质量，为用户提供了一个完整的脑电监测和支持体系。

2.4　个性化定制

以人为本的设计理念要求设计师高度关注用户需求，以用户需求为核心来设计出能够解决实际问题的产品。但不同用户间也有着独特的品味、偏好和需求，为了满足不同用户群体所具有的个性化需求，定制化的产品设计成为满足消费者期望的关键。以人为本的设计理念强调了解和满足不同人群之间的需求差异，这在个性化定制的产品设计中得到了充分的体现。

个性化定制是一种将产品或服务根据个体客户的特定需求和偏好进行定制的方法。它旨在满足用户的独特需求，并提供与其个人喜好和要求相匹配的定制化体验。产品或服务的个性化定制要求设计师根据客户的特定要求和偏好，提供定制的产品设计、功能配置、使用体验和服务支持，以满足用户的个性化需求，并提供个性化的价值和差异化的体验。它的实施可能涉及个体化的设计、制造、售后服务和用户互动等环节，通过使用技术和数据分析等手段，实现对客户的精细化理解和个性化定制。

个性化定制的目标是为消费者提供与众不同的体验和解决方案。而以人为本的设计理念要求也正是从用户的角度出发，通过观察、深入沟通和市场调研，了解他们的偏好和需求，从而设计出符合用户需求和期望的产品。从中我们可以看出，本着人本设计思想的个性化定制对产品设计是有着重要影响的。但随着时代的更迭与用户需求的改变，产品的个性化定制在不同的时期与阶段具备着不同的发展趋势与要求，其对产品设计的影响也在逐渐变化。

2.4.1　不同时期个性化定制对产品设计的影响

产品的个性化定制其实早在封建时期就已经出现，按照时间的先后和不同时期的发展特点可以将个性化定制的发展历程分为以下四个时期。在不同时期，个性化定制对产品的影响各有差异。

（1）封建社会时期

封建社会时期的个性化定制更多是私人定制，此时的个性化定制非常局限，定制化产品和服务主要是为特权阶级提供的。由于稀有资源和高超社会技艺的限制，此时私人定制的产品仅供皇室贵族等特定群体使用，成为他们的专属享受。这种定制化的产品通常呈现出明显的阶级特征，也可以看作财富和社会地位的象征。

在这个时期，个性化对产品设计的影响主要表现在客户需求、材料选择、制造工艺，以及细节设计等方面，以凸显社会地位和身份象征。如象征着高贵皇权的皇室服饰，是此时常有的定制化产品。设计师和工匠会与这些贵族阶级进行直接的沟通和交流，了解他们的偏好、风格和审美标准，以确保产品符合他们的期望和个性。在正式对服饰进行设计与定制时，会十分注重使用昂贵稀有的材料，如贵族专属的丝绸、宝石等，这些材料的选择不仅赋予服装视觉上的奢华感，还象征着贵族身份和社会地位。而在服饰的设计与制作工艺上，设计师和工匠们通常会投入更多的时间、精力和技术。刻工、雕刻、镶嵌、绣花等是被经常使用的复杂工艺技巧。甚至在一些珠宝饰品上会有特定的纹饰和图案，它们可以根据客户需求进行特制，这些细节也进一步彰显了贵族的身份和地位。

总之，封建社会时期的个性化定制在产品设计中主要涉及客户需求、材料选择、制造工艺和细节设计等方面。它凸显了定制产品使用者的社会地位和身份，并提供了独特而豪华的产品体验。

（2）工业时代

随着工业化的发展，个性化定制开始受到一定程度的制约。大规模生产和标准化的流水线生产使得产品更易获取，但个性化程度下降。尽管如此，富有人士和贵族仍然可以享受一定程度的个性化定制服务。此时的私人定制成为少数消费者社会财富和地位的象征，定制的种类也主要限于汽车、服饰、珠宝和豪宅等高端商品。

在这个时期，个性化定制产品设计的个性化选项相对有限。例如，在汽车行业，富有人士可以选择不同的颜色和内饰，但整体设计和配置选项仍然受到限制。尽管如此，此时个性化定制的产品设计仍然努力满足客户的个人需求和喜好。设计师和制造商在产品设计中会尽量考虑消费者的个人需求和偏好，以增加产品的个性化特征。例如，在定制家具领域，尽管整体设计可能是基于标准模板，但可以根据客户需求定制尺寸和细节，以满足他们的个人要求。并且在材料的选择和工艺上，虽然此时的产品设计更注重标准化和批量生产，但个性化定制产品仍然倾向于使用高品质的材料和精细的制造工艺。

总的来说，在工业时代，由于大规模生产的限制，个性化定制的产品设计受到了一定程度的限制。虽然个性化选项较少，但仍注重材料、工艺以及满足客户个人需求和喜好，以保证产品的独特性和高品质。

（3）信息时代

随着科技的发展，个性化定制逐渐普及，并逐步扩展到普罗大众，呈现出高端和普通消费并行的现象。在现代社会，个体的需求和偏好得到更多重视。个性化定制逐渐成为商业模式的一部分，企业开始提供更多定制化选项以满足消费者的个体需求。

在现代，产品的个性化定制允许消费者参与到产品设计的过程中，从而实现更加个性化的体验。消费者可以选择产品的材料、颜色、图案等，甚至参与到设计的决策中。这种参与度提高了用户满意度，并创造了独特的产品。同时，个性化定制也带来了产品设计的多样性。企业需要拓宽产品线，提供更多选择和定制化选项，以满足消费者的个性化需求。这使得产品设计师需要更加灵活和创新，设计出不同风格、尺寸、颜色、功能等的产品，以适应不同消费者的需求。且个性化定制的产品还能够帮助消费者创造个人品牌和身份认同。消费者可以通过定制产品来展示自己的个性和品位，表达自己独特的风格和偏好。这种个性化的产品成为消费者的身份象征，帮助他们与他人进行沟通和连接。此外，个性化定制可以减少资源浪费和环境污染。传统的大规模生产通常会产生大量的库存和废弃物，而个性化定制可以减少不必要的库存和废弃物。生产者只生产所需的产品，降低了资源的消耗，同时也减少了环境负担。

李维斯（Levi's）作为世界著名的牛仔裤品牌，推出了名为"Levi's Tailor Shop"的个性化定制服务，如图 2-14 所示。它可以为消费者提供独特的购物体验和个性化产品。消费者可以根据自己的身形、喜好和风格量身定制自己的牛仔裤。消费者可以选择不同的剪裁、色调和细节来打造适合自己的牛仔裤，达到最佳的穿着体验和个性化效果。

图 2-14　Levi's Tailor Shop 的个定营销界面

首先，在 Levi's Tailor Shop 中，消费者可以在店内与专业人员进行沟通和协商，以确保定制的牛仔裤符合他们的需求和期望。他们可以提供自己的尺寸和身形偏好，以便剪裁师能够量身定制裤子，让每一条裤子都适合个体消费者的身体比例和风格喜好。如

图 2-15 所示是 Levi's Tailor Shop 的装饰定制过程，这种个性化定制体验让消费者能够参与到产品设计的过程中，增强了他们与品牌的情感联系。

图 2-15　Levi's Tailor Shop 的装饰定制

其次，Levi's Tailor Shop 提供了广泛的服装产品选择，消费者可以根据自己的喜好和风格定制牛仔裤。他们可以选择不同的剪裁，包括紧身、直筒、喇叭腿等，以满足不同身形和穿着偏好。此外，消费者还可以选择各种不同的布料颜色、纹理和洗后效果，从而打造独特的个性风格。这种个性化定制服务使得消费者能够在时尚潮流中展现个人的独特个性。消费者还能够通过穿着定制的 Levi's 牛仔裤来表达自己的身份认同，并与品牌建立深厚的情感联系。

最后，Levi's Tailor Shop 还关注可持续性和环保。他们推行玻璃瓶子再生纤维和有机棉等环保材料的使用。在生产过程中，Levi's 致力于减少对环境的影响，采用水洗和环保工艺来降低耗水和化学物质的使用。

Levi's 个性化定制牛仔裤展示了现代个性化定制对产品设计的影响。这种个性化定制服务不仅满足了消费者对独特和个性化产品的需求，还促进了时尚产业的可持续发展。个性化定制已经成为满足消费者多样化需求和实现个性化体验的重要方式之一，现代的个性化定制对产品设计产生了深远的影响。

（4）数字时代

随着互联网和数据技术的迅猛发展，个性化定制进一步得以推广。消费者可以通过在线平台和应用程序进行定制化的体验，设计和购买个性化的产品。个性化算法和数据分析的使用，可以更准确地了解消费者的喜好和需求，并为他们提供更加个性化的服务。

在互联网数字时代，消费者可以通过在线设计平台或应用程序等客制化工具，根据个人喜好和创意，自主设计和定制产品。而通过利用大数据分析技术，个性化定制产品设计能够更准确地了解消费者的个人需求和喜好。企业可以通过分析用户的购买和使用数据来预测消费者的需求，并为其提供适合其个人风格和偏好的产品。例如，个性化推荐系统可以根据用户的浏览和购买历史，推荐最适合他们的产品选项。同时，人工智能技术的发展使得个性化定制产品设计能够提供更智能化和个性化的定制体验。正如越来越多的智能家居系统的出现，它们可以根据消费者的喜好和行为习惯，智能地调整家居设备和环境，提供最佳的个人化体验。并且随着3D打印和自动化技术的进步，个性化定制产品的制造过程变得更加高效和精确。这些技术可以根据消费者的个人需求和定制要求，快速、灵活地制造定制产品。

在这样的智能、快捷、高效的个性化定制发展浪潮中，越来越多的个性化定制产品与平台获得了成功。沃比·帕克（Warby Parker）是美国一家知名的眼镜品牌，以其个性化定制眼镜的方式而闻名。他们利用虚拟试戴技术，为消费者提供了一种在家中通过网络试戴多款镜框的独特体验。消费者只需访问Warby Parker的官方网站或使用其专门的应用程序（图2-16），就可以通过上传自己的照片或使用网络摄像头进行试戴。消费者可以随意尝试各种不同的镜框款式、颜色和大小，以找到最适合自己面型和风格的眼镜。这种个性化的试戴体验为购买眼镜带来了便利和实用性。同时，Warby Parker关注消费者的个性化需求。他们提供了丰富多

图2-16　Warby Parker应用程序

样的镜框款式、颜色和材质选择，以满足不同消费者的喜好和风格。无论是传统的矩形镜框、时尚的大圆镜框，还是个性的异形镜框，消费者都能够找到适合自己的眼镜款式。此外，他们还提供多种颜色和材质的选择，以满足消费者对眼镜的个性化诉求。

总的来说，Warby Parker通过虚拟试戴技术和个性化选择为消费者提供了独特且个性化的眼镜定制体验。他们通过虚拟技术满足用户的试戴的需求，并提供各种款式、颜色和材质的选择，让消费者能够自主选择适合自己的眼镜。这种个性化定制的方式不仅提高了消费者的购买满意度，还巩固了Warby Parker作为创新品牌和市场领导者的地位。从中我们也可以看出，在数字时代，为消费者提供更精准和个性化的产品设计和定制体验是十分重要的。这使得产品与消费者需求更加契合，满足他们的个性化需求，并提供独一无二的定制产品，这对企业和品牌获得商业成功也是至关重要的。

2.4.2　产品设计中的个性化和标准化

随着时代的发展，消费者对产品的个性化需求也逐渐增长。德勒公司（Deloitte）的一项调查表明，93%的消费者希望品牌提供个性化产品或服务。这显示出消费者对于在他们独特需求和喜好的基础上获得产品的强烈愿望。埃森哲互动公司（Accenture Interactive）的调研数据也表示，64%的消费者表示个性化是他们购买决策的重要因素。这表明对于个性化产品的需求逐渐成为消费者在购买决策中的关键因素。而消费者个性化需求的增长也为设计师提供了更大的机遇和挑战，他们需要在满足消费者不断变化的需求的同时，去平衡产品设计的个性化与标准化。即使用户有不同的选择，产品仍然要保持其核心品质和标准，确保产品的质量、功能和性能不受影响。在个性化定制的同时，设计团队需要确保产品的基本特性和核心目标得到充分满足，从而保证用户的整体体验。同时，产品标准化设计对企业的效率和成本控制都有着重要影响，在供应链管理、用户体验、品牌认知、成本效益、安全性和可靠性等方面都具有重要的作用。它不仅能够提高生产效率和降低成本，还能够提升用户满意度和品牌价值，从而为企业与品牌带来效率和成本方面的优势。因此，在这种背景下，设计师面临着如何较好地平衡产品设计中个性化与标准化的任务，以满足消费者的需求并实现业务目标。

那么，如果想要在个性化和标准化之间找到平衡，确保产品既能满足用户的个性化需求，又能以高效和经济的方式进行生产，设计师应该怎么做呢？

首先，设计师通过使用数据驱动的设计方法，利用市场研究和用户反馈数据，了解用户的喜好和需求趋势。设计师可以据此来预测用户需求，并在产品设计时考虑到个性化和标准化的平衡。其次，在进行产品设计时，设计师首先要确定好产品的核心功能和设计，这是产品的标准化部分。核心功能和设计是满足大部分用户需求的共同点。通过对核心功能和设计的规定，设计师可以确保产品在满足个性化需求的同时仍然具有一定的标准化。在这样的前提下，设计师可以采用模块化和标准化设计。通过将产品划分为各个独立的模块或组件，并使其中一些可以进行个性化定制，而其他模块则可以保持标准化。这些可定制的部分可以是颜色、材料、尺寸、功能等方面。通过在特定部分提供可定制性，设计师可以在保持产品标准化的同时为用户提供一定的个性化选择。最后，设计师还要与用户进行持续的互动，接收他们的反馈和意见。这样就可以通过与用户的合作和参与，更好地理解他们的个性化需求，并将这些需求融入产品设计中，从而在进行设计平衡的同时，提供用户真正需要的功能和体验。

宜家（IKEA）可以说是在家具和家居市场上成功平衡个性化和标准化的典型案例，如图2-17所示的Logo也已逐渐为大众所熟识。宜家是一家瑞典的家具和家居用品零售企业，它以其平价、时尚和功能性的产品而享有全球声誉，是全球最大的家具零售商之一。

一方面，宜家通过其广泛的产品线和多样化的设计风格，为消费者提供了丰富的选择。宜家的产品设计师团队积极关注时尚潮流和消费者需求的变化，不断研究市场趋势和消费者喜好。他们从中提取灵感，设计出多个系列的产品，涵盖了不同的风格、材质和功能特点，以满足不同人群的个性化需求。

图 2-17　宜家品牌 Logo

另一方面，如图 2-18 所示，宜家的很多产品都是以模块化的设计理念为基础的。他们开发了一系列标准尺寸和形状的模块，比如柜子和架子的尺寸、床和床头柜的配套组合等。这种模块化的设计使得消费者可以根据自己的需求和空间要求自由组合和搭配家具。消费者可以根据自己的个性化需求选择不同的模块，并将它们组装在一起，以创建独特的布局和功能。这种方法使得宜家能够采用规模化的生产工艺，降低成本并提高效率。同时，宜家为消费者提供了多样化的定制选项。在宜家的产品线中，消费者可以选择不同的颜色、材料和风格来满足个性化需求。无论是家具表面的材质，还是桌椅的款式，宜家都提供了广泛的选择。消费者可以根据自己的喜好和个性化需求，选择与之相符的款式，并将它们与其他宜家产品搭配使用。

图 2-18　宜家模块化家具

通过这些策略，宜家既保持了产品标准化和生产效率，又提供了个性化和定制化的选项，满足消费者的多样性需求。宜家的成功证明了个性化和标准化可以相互结合，创造出受欢迎的产品和良好的用户体验。

总之，个性化定制的产品设计是以人为本的设计理念在实践中的体现。它通过了解和满足不同人群之间的需求差异，为消费者提供与众不同的产品体验和解决方案。但个性化定制在打造用户的自我表达和个性化需求的同时，也需要保持产品的核心标准，从而创造出既具有个人特色又高效实用的产品。

第 3 章

产品设计与
技术的融合
创新

3

在当今科技迅速发展的时代，产品设计与技术的融合创新已经成为一个不可忽视的趋势。一方面，技术的飞速进步给产品设计带来了全新的可能性，而另一方面，产品设计也对技术提出了新的要求。

技术的发展为产品设计提供了新的可能性。随着科技的不断进步，各种新兴技术不断涌现，如人工智能、虚拟现实、物联网等。这些技术的应用使得产品设计的灵感更加丰富，功能更加强大。比如，在智能家居领域，通过技术的融入，我们可以实现家庭智能化的控制，让用户的生活更加便捷和舒适。技术的发展为产品设计打开了一扇通往未来的大门，让设计师能够实现他们的想象力。

同时，设计也对技术提出了新的要求。以产品的迭代为例，新的设计往往需要更好的技术来支持其功能的实现。例如，在智能手机设计中，新的设计若想具有更好的摄影能力、更快的处理速度和更长的电池续航时间，就需要利用更先进的图像处理算法、高性能的芯片和优化的电池管理系统来支持这些功能的实现。以用户体验的优化为例，新的设计有时会通过用户界面与交互方式的创新，来为用户提供更加便捷、直观和个性化的使用体验。而用户界面和交互方式的创新，往往对人机交互技术、语音识别技术和可穿戴设备等提出了新的技术要求。

然而，不能忽视的事实是，尽管技术已经取得了巨大的突破，但要真正实现技术走进生活，还有很长的路要走。首先，技术的推广需要时间和资源的投入。不同的技术在走向市场的过程中会遇到各种挑战，如成本、可靠性、适用性等问题。这需要技术开发者与设计师共同努力，寻找解决方案，以确保技术能真正服务于人类的生活。其次，技术的普及还需要社会认知和接受的过程。对于新兴技术来说，公众对其了解和接受度可能较低，提高社会对新兴技术的认知度和接受度更是一个漫长的过程。例如，索尼早在2007年就推出的OLED电视，从技术与体验的角度看待，索尼OLED电视系列产品拥有独创超窄边框和无底座设计、屏幕自发声等技术，是一款能够为用户带来"音画合一"体验的优秀产品，但碍于其刚推出时高昂的价格，OLED电视广泛走进大众生活经历了较长时间。

总之，产品设计与技术的融合创新是推动科技进步和产品设计发展的重要方向。技术发展与设计创新互为因果，技术为产品设计提供了新的可能性，设计对技术提出了更高的要求。人工智能及其相关技术作为近年来异常火爆的社会热点，对设计的影响不可谓之不大，本章将从人工智能开始，探讨设计与人工智能的关系。

3.1　设计与人工智能

3.1.1　人工智能的定义与发展

人工智能（artificial intelligence，AI）是指通过计算机等技术手段，模拟人类的智能行为和思维过程，使计算机系统能够完成人类智力水平甚至超过人类智力水平的任务。目前人工智能可以进一步分为两个定义，分别是强人工智能和弱人工智能[1][2][3]。

强人工智能概念诞生于20世纪60年代，当时的研究者认为人工智能是一台通用机器人，它能够像人一样推理、使用策略、解决问题、规划和学习、使用自然语言进行交流沟通，并能够将上述能力整合起来实现既定目标。许多科幻电影中描述的机器人（如《终结者》系列电影）便是强人工智能（图3-1）。

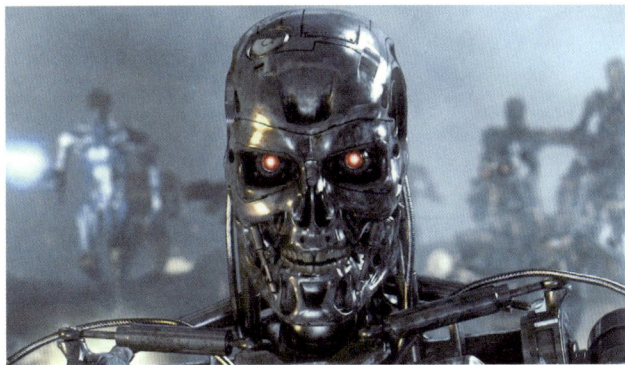

图3-1　科幻电影中的强人工智能

弱人工智能是现阶段技术还未成熟条件下的人工智能，也被称为"限制领域人工智能"或"应用型人工智能"，例如知名的围棋领域计算机 AlphaGo。

（1）人工智能的发展历程

说起人工智能，则不得不提起人工智能的发展历史。"人工智能"这一术语最早由美国计算机科学家约翰·麦卡锡（John McCarthy）（图3-2）在1956年的达特茅斯会议上提出，并将人工智能定义为："使计算机去完成一些过去只有人类才能完成的事情。"

①1955—1974年是人工智能的第一次发展高潮。这一时期诞生了许多堪称神奇的程序：计算器可以解决代数应用题、证明几何定理、学习和使用英语。学者们提出了人工神经网络、贝尔曼方程、感知器模型，以及搜索式推理、自然语言处理、微世界等人工智能概念。

---

❶ 薛志荣：《AI改变设计：人工智能时代的设计师生存手册》，清华大学出版社，2019，第45页。
❷ 李开复、王咏刚：《人工智能》，文化发展出版社，2017，第112-115页。
❸ 迈克尔·伍尔德里奇：《人工智能全传》，许舒译，浙江科学技术出版社，2021，第24页。

图3-2 "人工智能之父"约翰·
麦卡锡

②1980—1987年是人工智能的第二次发展高潮。20世纪80年代初，全球许多公司纷纷采用一类叫作"专家系统"的AI程序，人工智能技术研究进入了一个新的高峰。在此期间，卡内基梅隆大学为DEC公司设计的XCON专家系统每年能够为DEC公司节省数千万美元。日本经济产业省拨款8亿5千万美元支持第五代计算机项目，其目标是开发出一种能够与人对话、翻译语言、解释图像以及像人一样推理的计算机系统。其他国家也纷纷对AI和信息技术的大规模项目提供巨额资助。

③1993年至今是人工智能的第三次发展高潮。随着计算机性能的不断突破，云计算、大数据、机器学习、自然语言处理和机器视觉等领域发展迅速。在机器学习和深度学习的基础上，出现了对抗生成网络（GAN）、强化学习、元学习、联邦学习等新兴技术。可以预见，这些新技术将进一步推动人工智能的发展，为人类创造更多的智能应用。

（2）人工智能的现状与未来

目前的人工智能技术，已被广泛应用于各行各业，为人类的生产和生活带来了极大的便利和智能化。以下简单展示一些AI技术在不同行业的应用。

①医疗健康领域：目前的AI技术主要应用于两个方面；一方面，用于辅助建设数字医疗，如诊室听译机器人（图3-3）（基于门诊医患沟通录音，智能生成病历）、智能在线问诊（AI医生线上辅助接诊）；另一方面，用于提升医疗效率，改善患者就医体验，如智能用药管家（个性化的用药交代和提醒）、智能导诊（精准推荐就诊科室，降低转诊率）。

图3-3 某企业诊室听译机器人
产品

②金融投资领域：AI技术可以通过对海量数据的分析预测市场变化和投资风险，提供相应的投资建议；也可以帮助银行和金融机构进行客户信用评估和欺诈检测，实现智能化的风险管理和精准营销。

③交通领域：自动驾驶技术可以通过传感器和算法实现车辆自主导航和操作，并且可以根据路况和环境变化进行智能决策。此外，人工智能还可以通过交通数据分析，预测拥堵状况、优化交通流量和提高道路安全性。这些技术的应用不仅可以提高交通效率，减少交通事故，同时也为人们提供了更加舒适和便利的出行体验（图3-4）。

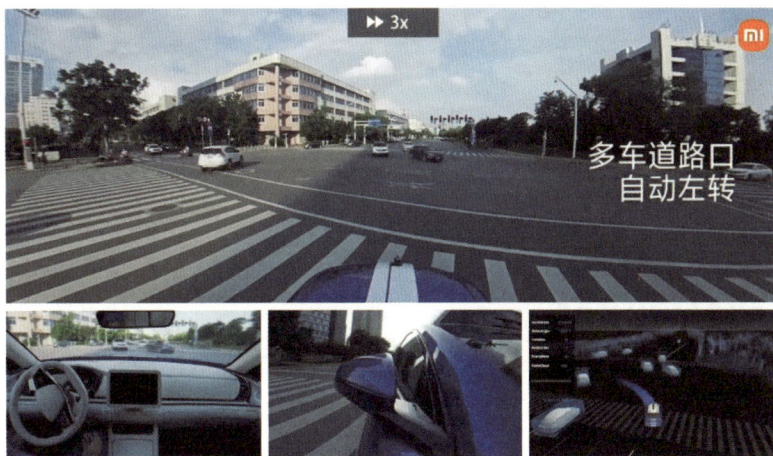

图 3-4 小米自动驾驶技术

④安防领域：可以通过图像识别和人脸识别技术实现视频监控和门禁管理，并且根据异常行为和特征进行智能预警和报警。还可以结合其他传感器和算法实现智能化的火灾、煤气泄漏等安全监测和预警。这些技术的应用提高了安防系统的效率和准确性，能够更好地保障人们的生命财产安全（图 3-5）。

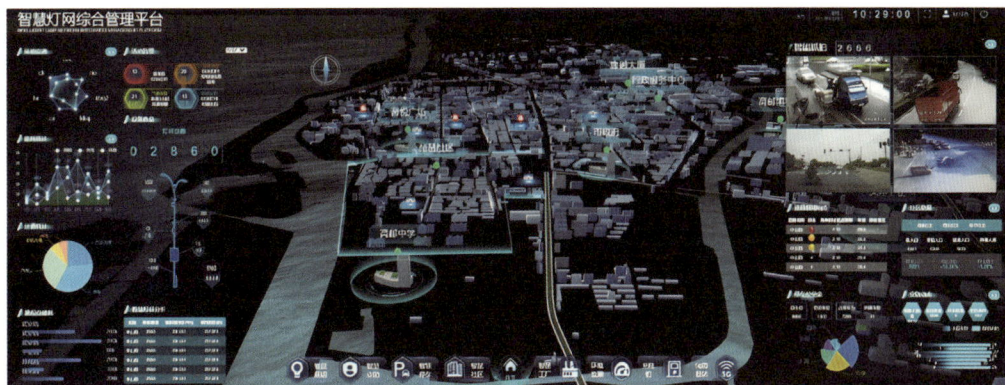

图 3-5 某智能安防平台

⑤家居领域：AI 技术的引入帮助人们的房屋实现了智能化。通过语音识别和智能控制，智能家居为人们提供了更加便利和舒适的生活体验。

⑥游戏领域：AI 技术目前已被用于快速生成大量角色对话文本，还可以用于驱动游戏角色的行动和"思考"。如 2023 年育碧公布的一款 AI 工具 Ghostwriter（图 3-6）。Ghostwriter 能够帮助编剧共同创建玩家与 NPC（非玩家）互动时的台词，育碧利用该 AI 处理大量的重复性任务，从而让开发团队腾出更多的时间来处理更为重要的元素。简单来说，该 AI 能够一键式地生成 NPC 与玩家的对话、对应事件等，甚至能够用算法构建 NPC 的生活轨迹，以更低的成本为玩家带来更高的沉浸感。值得一提的是，从描述来看，Ghostwriter 已经在

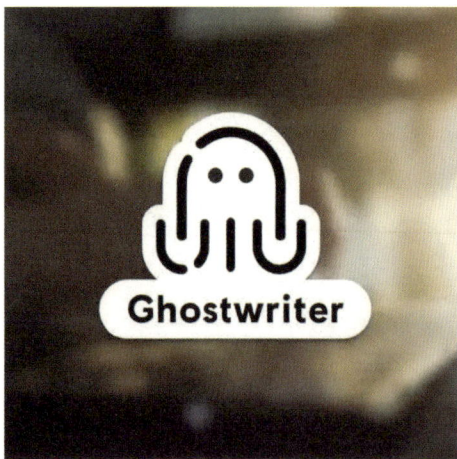

图3-6　育碧AI工具Ghostwriter

育碧的部分游戏中得到了应用，如号称"所有NPC均可招募"的《看门狗：军团》。在游戏场景方面，使用AI技术低成本快速生成高质量拟真游戏场景的探索性研究已经出现，这意味着未来游戏开发者不再需要花费大量的时间和成本来设计和建模游戏场景，而是可以使用AI技术实现快速自动生成高质量的游戏场景。这也将使得游戏制作门槛得以降低。通过使用AI技术，任何拥有一定编程或计算知识的人都可以创建自己的游戏场景，而不必拥有过多的游戏制作技能。

可以预见，未来随着人工智能技术的不断进步，其在各个领域都有着广泛的应用前景，可以为人类创造更多的价值和便利。

3.1.2　人工智能如何影响设计

进入人工智能的时代，AR设计、智能硬件设计逐渐发展，设计的改革开始更多考虑如何融合真实世界与数字世界，如何让自己的产品更好地阐释艺术❶、美感和实用性。我们可以发现，近年来AI技术已悄然根植于人们的生活，如个性化推荐、苹果Siri、小米音箱、ChatGPT等。随着AI技术及其应用的成熟，设计必定会迎来新的变化。未来该如何做设计？我们可以通过以下几个与AI融合的设计案例来窥探AI技术对未来设计的影响。

（1）机器学习降低设计门槛，提高设计效率

对于设计专业的学生来说，Adobe公司旗下的Photoshop、Illustrator、After Effects等软件一定不会陌生。这些软件功能强大，是同学们产出设计成果路上的强大伙伴。但这些软件都具有一定的上手门槛，需要一定的学习才能掌握。

Adobe Sensei是Adobe公司推出的一种人工智能技术，旨在通过机器学习、深度学习、自然语言处理等技术，帮助用户更快地完成工作，提高创意和营销效果，同时提高工作流程的自动化和智能化水平（图3-7）。Adobe Sensei可以应用于Adobe公司旗下的各种产品和服务，如设计专业学生常用的Photoshop、Illustrator、InDesign、Premiere Pro、After Effects、Experience Manager等。具体来说，Adobe Sensei可以帮助用户进行自动化重复性工作，如图像修复、图像裁剪、文字识别等；也能够通过智能图像分析、

---

❶ 谭力勤：《奇点艺术：未来艺术在科技奇点冲击下的蜕变》，机械工业出版社，2018，第142页。

自然语言处理分析等功能帮助提高创意和营销效果；还可以提高工作流程的自动化和智能化水平。

Adobe Sensei 的出现，降低了用户使用专业软件功能的难度，降低了设计的门槛，提高了设计的效率。以前一位设计师需要投入数个小时的抠图工作，现在只需几秒就能完成，设计师得以将宝贵的时间投入在创意的打磨上，而非重复性工作上。

（2）机器学习降低绘画门槛

学习绘画需要大量投入，包括时间、精力和金钱。这是因为绘画是一门技艺，需要不断的练习和实践才能取得进步。然而，随着科技的发展和人工智能技术的应用，机器学习正在逐渐降低绘画门槛，让更多人能够轻松地进行绘画创作。线稿自动上色功能的出现，为不擅长配色的绘画者带来了巨大的便利。

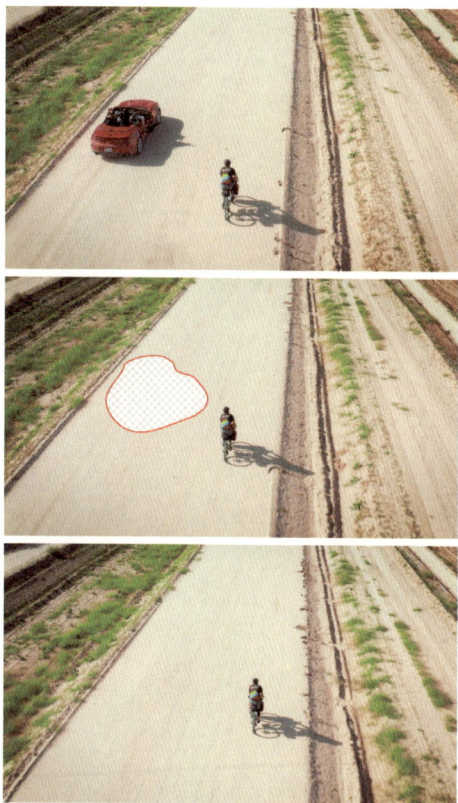

图 3-7 Adobe Sensei 动态抠图功能

Petalica Paint 是一款基于人工智能技术的线稿自动上色网站（图 3-8），可以帮助用户快速将黑白线稿转化为彩色图像。该网站使用了先进的图像识别和颜色填充算法，能够自动识别线稿中的不同区域，并根据用户选择的颜色进行智能填充。同时，网站还提供了多种颜色调整和细节处理工具，使用户可以轻松地调整图像的色调和细节，实现更加自然和精细的效果。使用 Petalica Paint 非常简单，用户只需上传自己的黑白线稿，并在网站上进行颜色选择和细节调整，即可快速获得一张精美的彩色图像。该网站支持多种文件格式，包括 JPG、PNG、GIF 等，同时还提供了在线保存和分享功能，方便用户将自己的作品分享给其他人。

如果说 Petalica Paint 还需要用户自己提供线稿，那图像生成网站的出现几乎是将对用户绘画技能的要求降到了最低。

以 WaifuLabs 网站为例，WaifuLabs 是一个基于人工智能技术的图像生成网站（图 3-9）。该网站利用深度学习算法，通过对数百万个动漫角色的图像进行分析和学习，可以生成个性化的二次元角色形象。用户只需在各个步骤中点击挑选心仪的图像，即可得到算法生成的新的卡通形象。

图3-8　Petalica Paint 自动上色案例

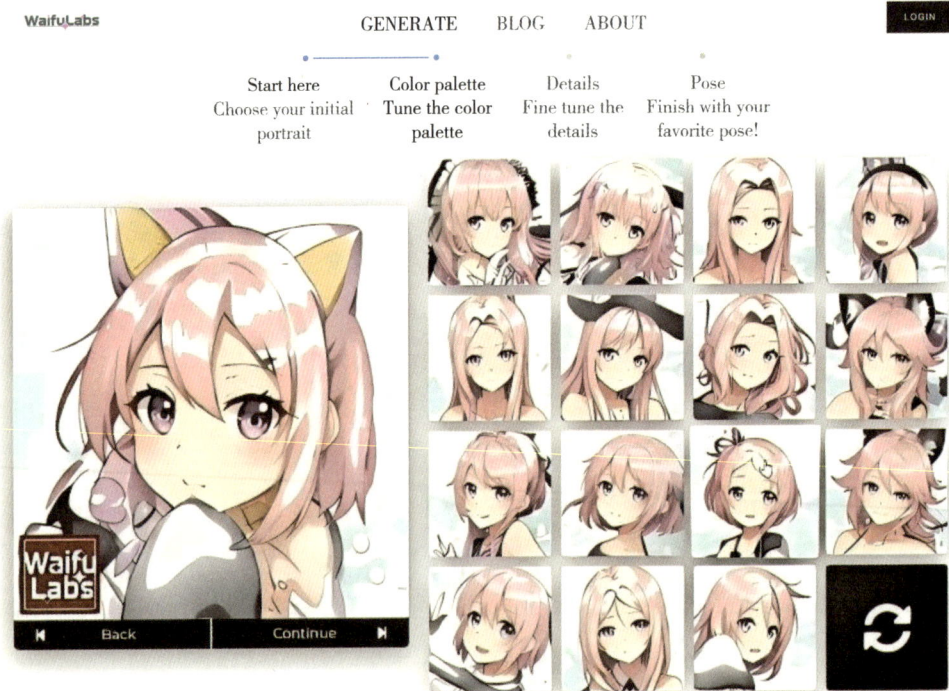

图3-9　WaifuLabs 图像生成案例

（3）使用AI生成逼真的场景

图 3-10 不是照片，这张高清、逼真的图像是AI生成的。这张以假乱真的图像出自收录于CVPR❶ 2018 的论文《半参数图像合成》（*Semi-parametric Image Synthesis*），是香港中文大学联合英特尔视觉计算实验室的成果。他们共同研究出了一种半参数模型（SIME），其技术路线是先用大型真实图像数据集训练非参数模型获得一个合成素材库；然后利用语义布局分析虚构场景的内容，再把这些素材填充进去；最后在接缝的地方由深度神经网络计算不同素材之间的空间关系，给予恰当的光影关系，合成为一幅逼真的图像。

图 3-10　AI生成的逼真图像

下面的图片则展示了使用AI算法替换游戏场景的最新研究成果（图 3-11）。在 2023 年的论文 *Enhancing Photorealism Enhancement* 中，研究者为了能让计算机游戏的画面

图 3-11　AI生成图像替换游戏画面

---

❶ CVPR：国际计算机视觉与模式识别会议。该会议是由IEEE举办的计算机视觉和模式识别领域的顶级会议。

看起来更加真实，提出了一种增强合成图像真实感的方法。

可以看出，研究者的方法可以为汽车、山丘和道路增添光彩，显著增强了渲染图像的真实感。并且，可以使用不同的真实世界图像集合进行训练，使输出的结果图像呈现出不同的视觉风格（图3-12）。

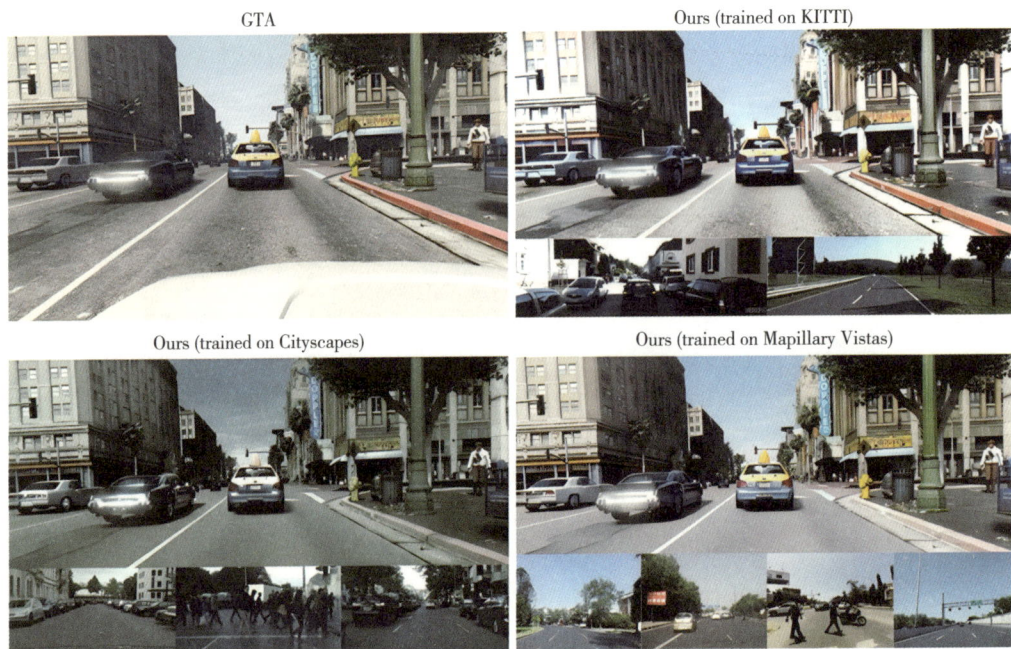

图3-12　多种模型AI替换相同游戏画面的不同效果

随着AI渲染环境技术的成熟，未来的游戏将有可能拥有高质量、低成本、模拟现实世界的游戏场景。

3.1.3　人工智能时代的产品设计

2017年购物节，阿里的AI设计应用"鹿班"为商家制作了高达4亿张海报。"鹿班"通过学习阿里设计师的设计手法和风格，再经过自我学习和调整设计框架，能够以人类设计师无法企及的速度，海量产出可以达到市面上高级设计师水平的海报。可以说，类似制作电商海报这种不太需要独创性的体力活，已经能够被人工智能所取代。这对于当时的大部分"淘宝美工"来说，简直是灾难性的打击。结合前篇的案例我们也能发现，Adobe Sensei等基于AI技术的工具极大地降低了设计工具的学习门槛和设计师的时间成本，风格迁移与图像生成技术也已经能够取代需要时间堆砌的临摹工作。同时，大数据与人工智能的结合取代了人工分析用户数据的工作，并且能够做到为每一位用户量身定制个性化的功能、精准推送推广内容。

总的来说，人工智能的成熟对于设计界而言无疑是巨大的冲击，它一下子就能够完成以前设计师们需要大量时间投入或是熟练掌握技法的工作。那么，设计师存在的价值何在？未来设计师是否会被人工智能所取代？

（1）人工智能的优势

①复杂的数据分析。作为一种计算机技术，人工智能可以帮助设计师更好地处理大量的数据，包括图像、文本、声音等。通过图像识别、人脸识别等技术，人工智能可以自动调整图片的分辨率、尺寸和色彩，甚至还可以自动修复损坏的图片。

②程式化、自动化的设计。利用各种算法和技术，人工智能可以帮助设计师自动化制图、样式和配色等方面。人工智能可以快速生成基于用户输入或者设计需求的样式图表，大大节省设计师的时间和成本。

③通过信息分析改善交互与用户体验。人工智能技术可以帮助设计师在小至用户个体，大至整体用户画像层面，分析用户行为和偏好、对页面交互的反应等信息，并反馈到产品的设计过程中。这有助于设计师优化和改进产品的用户体验，从而提高用户满意度和使用率。

④内容的可视化和呈现。人工智能可以通过视频特效、视觉效果、互动元素等技术，创造更加个性化和丰富的视觉效果，以提升电影、游戏、广告等多个领域的作品和产品的视觉吸引力和竞争力。

可以发现，人工智能基于计算机从事复杂运算等优点，在数据分析、自动化设计、交互与用户体验以及可视化和呈现方面具有很强的优势。

（2）设计师的优势

与人工智能相比，设计师的擅长领域主要是创造力、想象力和情感表达能力。人工智能可以通过大量的算法分析与处理数据，如图像、文本、声音和交互等方面。但是，人工智能往往缺乏情感的表达与理解。设计师靠他们的想象力和创造力，利用个人的经验、感性思考和艺术能力来创造具备美学以及个性特色的作品。与人工智能不同，设计师的创意切入点来源于个人或客户的需求和理解，更加注重情感的表达和对人性的贴近。如此的设计，不仅有外在的美感，也能够符合品牌、产品以及用户等相关方面的需求和预期。

综上所述，人工智能在设计领域的数个方面有很强的优势，而设计师则具有人工智能不擅长的创造力、想象力和情感表达能力。设计师应认识到，人工智能是被用作增强人类智能的辅助工具，它还没能攻克人类擅长的艺术领域，真正的设计师们不用担心自己会被人工智能取代。

（3）人工智能时代，设计师应如何才能不被取代？

设计师们掌握创造力、想象力和情感表达能力，不与人工智能竞争计算机擅长的复杂计算与重复劳动，但随着人工智能教育的普及，未来也会有大批掌握各种人工智能技术的应届生步入社会，与目前市面上的设计师竞争。止步不前的设计师若是侥幸未被AI取代，恐怕在与人工智能时代新晋设计师的竞争中，也会被后者取代。那么在人工智能时代，设计师应如何才能不被取代呢？

①深入理解人工智能。对于设计师来说，了解人工智能技术至关重要。这意味着了解人工智能技术的优势、局限以及如何将其融入设计工作中。更好地了解人工智能可以帮助设计师更好地使用和发挥其特点，从而提高自己的创造力和效率。

②终身学习，掌握新技能。在人工智能技术发展迅速的今天，不断学习和掌握新技能是设计师不可忽视的部分。例如，学习使用大数据分析、虚拟现实和人工智能等新技术，以增强自己的工作效率和创造力。

③把重点放在人性化体验和情感表达上。虽然人工智能可以提供优化的数据分析和进行程式化的设计工作，但在人性化体验和情感表达方面，它远不如人类设计师。设计师应注重挖掘人性和情感元素，让作品更加地复杂、专属和具有特色（如品牌特色、个人风格特色、地域特色）。这样的作品更具有影响力和独特性，不容易被人工智能代替。

④深耕艺术领域。作为一个造型和视觉表达的领域，艺术在设计中扮演了至关重要的角色。人工智能在艺术领域的弱势，正是设计师可以利用的优势。设计师可以探索不同的艺术形式和风格，帮助自身不断发现和扩展设计想法和语汇，如学习绘画、雕塑、建筑、摄影等艺术形式，将这些元素和知识运用到自己的设计中。

⑤跨界学习、跨界思考。在设计领域，人工智能和新技术的兴起为设计师提供了更多的机会和挑战。设计师需要学会拓宽自己的眼界，将思维延伸到不同领域中，以提高自己的工作能力和竞争力。例如学习编程语言和技术，在人工智能和数据分析等领域，编程成为设计师必备的技能之一，学习编程语言和技术可以帮助设计师更好地利用人工智能技术，并快速掌握新技术和工具。跨界学习还意味着探索新领域和新技术，设计师需要不断了解和尝试新的技术和工具，包括虚拟现实和增强现实等新兴技术，以拓展自己的设计思路和创新能力。同时，设计师还需要了解其他领域的发展，例如移动应用、游戏、社交媒体和电子商务等，从而为设计提供更广泛的视野和思路。

3.2　设计与交互技术创新

交互不仅是设计师实现设计目标、改善自己设计的工具，更是一种服务于人的、全新的设计对象。不同于传统的单向沟通模式，交互技术使得设计成为一个双向互动的过程，设计师通过构建用户界面和功能，与用户之间建立起直接、实时的联系。这种互动方式不仅使得用户能够更加主动地参与到设计过程中，也为设计师提供了更多的反馈和数据，以便不断改善和优化设计方案❶。

随着科技的发展和信息的爆炸性增长，人们对于产品和服务的需求也在不断演变。交互技术的创新正是为了满足这些需求而诞生的。通过创新的交互设计，我们能够打破传统的限制，创造出更加智能、便捷、个性化的用户体验。无论是智能手机、智能家居、虚拟现实还是增强现实技术，交互技术的应用已经渗透到我们生活的方方面面。

本节将会探讨设计与交互技术的关系。首先，将介绍交互技术的发展历程。其次，将探讨交互技术如何影响产品设计。最后，将列举交互技术在产品设计中的应用案例，以期启发读者对于交互技术在产品设计中的创新应用思考。

3.2.1　交互技术的发展历程

交互技术是计算机科学领域中的一个重要分支，其发展历程源远流长。交互技术的发展历程经历了从字符界面到图形用户界面、触摸屏、语音交互和手势交互等多个阶段，人与计算机之间的交互效率、易用性和友好性也随之不断提高。

早期计算机系统通常使用字符界面，用户通过键盘输入命令与计算机进行交互。这种界面简单直接，但需要用户具备一定的计算机知识和指令使用经验。在20世纪70年代，图形用户界面（GUI）的出现彻底改变了人们与计算机交互的模式。GUI采用图像符号来表示操作对象和界面元素，使得计算机更加易于使用。首个成功的GUI系统为Xerox PARC所开发的奥托计算机（Alto），在其基础上，苹果公司推出了麦金塔计算机（Macintosh），进一步推动了GUI的普及。

触摸屏技术源于20世纪60年代，当时研究者开始探索如何利用人体电容作为输入信号，通过触摸屏幕来控制计算机。但当时的技术还不成熟，直到21世纪初，随着移动设备的普及，触摸屏技术才真正开始流行。触摸屏基于多点触控技术，用户可以通过手指在屏幕上的滑动、轻敲等方式进行操作，使得交互更加自然和直观。

语音交互技术在20世纪下半叶开始发展，当时主要用于电话系统中的语音识别和合成。随着计算机技术的进步，语音交互逐渐被应用在智能家居、智能手机等设备中。现代语音交互技术不仅可以实现语音识别、语音合成，还可以进行自然语言理解和对话管理等高级交互功能。语音交互为那些手部行动不便或无法使用其他交互方式的人群提供了方便。

手势交互技术是近年来兴起的一种新型交互方式，它将人体姿态识别、计算机视觉和机器学习等技术融合在一起，通过用户手势来操作计算机系统。手势交互具有非接触性、自由度高等优点，被广泛应用于游戏、虚拟现实等领域。

❶　余强、周苏：《人机交互技术》2版，清华大学出版社，2022，第7–10页。

3.2.2　交互技术如何影响产品设计

可以说，交互技术对产品设计的影响主要体现在以下几点：多样化的交互方式、简单化的设计和数据驱动的设计。

（1）多样化的交互方式

产品设计中的交互方式更加多元。

随着交互技术的发展，产品设计师现在可以选择更多元化的交互方式，比如上文介绍的触摸屏、语音识别、手势识别等。这些交互方式的增加丰富了用户与产品互动的方式，提高了用户体验。

多样化的交互方式给产品设计带来了更大的创新空间，并提升了用户体验。设计师可以根据产品的特点和用户的需求选择合适的交互方式，使用户能够更加方便、直观地使用产品。如对于行动不便或多任务处理的用户，在产品中引入语音识别技术能够提供更多便利和自由度。用户通过语音指令或语音输入与设备进行交互，能够更加方便地操作和控制产品（如智能助理、语音搜索、语音导航等）。而想要提供更加沉浸式和个性化的体验，就可以尝试引入手势识别技术。通过手部或身体姿势的识别，用户可以通过简单的动作完成复杂的操作。它打破了传统的操作限制，使用户能够更加自然地与产品进行交互。用户只需用手指点一点或者挥动手臂，产品就能以相应的方式作出反应。手势识别技术在虚拟现实、游戏控制和智能家居等强调沉浸感和个性化的领域具有广泛的应用前景。

（2）简单化的设计

与曾经的产品相比，新产品的用户界面越来越简化、直观。

在过去，产品设计往往注重实现各种功能，忽视了用户的需求和使用习惯。然而，随着时间的推移和技术的进步，设计师开始更加重视用户体验。现在，产品设计不再只是关注功能的实现，而是要加入对用户的需求和使用习惯的考量，追求让用户感受到愉悦和舒适的目标。

随着交互技术的发展，产品的操作界面发生了巨大的变化。过去，许多产品的界面复杂而混乱，用户需要花费大量时间学习和适应。然而，现在的设计师已经意识到简洁和直观的界面对于提升用户体验的重要性。他们渐渐意识到，简化界面可以减少用户的学习成本，提高使用效率，并且减轻用户的认知负担。因此，现在的产品操作界面越来越简化，去除了冗余的功能和不必要的操作流程。

这种界面的简化和直观性带来了许多好处。从用户的角度出发，界面的简化和直观化可以极大地减少用户的学习成本。过去，用户可能需要通过烦琐的教程或手册才能掌握产品的使用方法，而现在的产品通过简化的操作界面使用户能够迅速上手。用户不再需要耗费大量时间去学习如何使用产品，他们可以直接进行操作并享受到愉悦的体验。同时，简化的界面有助于提升用户体验。用户不再感到困惑和迷失，而是能够轻松地找到所需的功能和选项。这种直观性使得用户能够更加顺畅地完成任务，减少了出错的机会，并增加了使用产品的满意度。用户更容易感到愉悦和舒适，从而提高了产品的竞争力。从设计师与企业的角度出发，简化界面也有利于降低产品的开发成本。过去，复杂的界面设计和功能开发可能需要更多的时间、资源和成本。然而，通过简化界面，设计师可以去除冗余的功能和不必要的操作流程，从而减少开发的复杂性和成本。这使得产品开发过程更加高效和经济，为企业节约了宝贵的资源。

（3）数据驱动的设计

通过数据分析，能够进一步理解用户需求、优化用户体验。

交互技术的使用也使得产品设计师能够更加深入地了解用户需求和操作行为。通过数据分析，设计师可以更好地理解用户需求，提供更优秀的用户体验。

以数据分析帮助设计师了解用户的偏好和行为模式为例，通过收集和分析用户的数据，设计师可以得到关于用户使用产品的洞察和真实反馈。这些数据可以包括用户的点击历史、使用频率、任务完成时间等。通过对这些数据进行分析，设计师可以洞察用户的行为模式和偏好，找出用户在使用产品过程中遇到的困难和痛点。这些数据能够为设计师提供有价值的参考，指导他们进行界面设计和功能改进，为用户提供更好的体验。数据分析还可以帮助设计师进行用户研究。通过分析用户的数据，设计师可以识别用户的特征和群体，并了解他们的需求和偏好。例如，通过分析用户的购买记录和点击行为，设计师可以将用户分为不同的群体，从而对不同用户群体进行有针对性的设计和优化。这种个性化设计可以更好地满足用户的需求，提升用户体验。另外，数据分析还可以支持A/B测试和迭代设计。设计师可以通过在产品中引入不同的设计元素和功能，并从用户数据中分析其效果。通过比较不同设计的数据，设计师可以得出哪一种设计能够更好地满足用户的需求和提升用户体验。这种数据驱动的设计方法可以帮助设计师不断优化产品并寻找最佳解决方案。

综上所述，多样化的交互方式已经成为产品设计中的重要因素。触摸屏、语音识别和手势识别等技术的广泛应用，丰富了用户与产品之间的交互体验，提升了用户满意度和产品的市场竞争力。设计师们在积极采用这些交互方式的同时，还应不断探索和创新，以提供更加出色的用户体验，推动产品设计领域朝着更加多元和人性化的方向发展。

简化的设计对于产品的成功变得越来越重要。产品设计者不再只关注功能的实现，而是更加注重用户体验。随着交互技术的发展，产品的操作界面变得越来越简化、直观，去除了冗余功能和不必要的操作流程。这种简化不仅可以减少用户的学习成本，提升用户体验，还有利于降低产品的开发成本。通过将用户的需求和使用习惯置于首位，产品设计者可以创造出更加优秀和受欢迎的产品。

交互技术的应用使得产品设计师能够更加深入地了解用户需求和操作行为。通过数据分析，设计师可以获得关于用户的洞察和真实反馈，从而提供更优秀的用户体验。数据驱动的设计方法可以帮助设计师做出更明智的决策，优化产品设计，并不断改进和满足用户的需求。然而，在进行数据分析时，设计师应该慎重处理用户数据，同时结合用户反馈进行综合分析，确保数据分析的有效性和合理性。

3.2.3 交互技术在产品设计中的应用案例

1. 小米MIUI中的交互设计

MIUI是一个典型的基于交互技术的产品设计案例（图3-13）。下面我们将结合上文的叙述分析MIUI的交互设计对用户体验的影响。

（1）小米触摸屏与简单化设计

从小米MIX2开始采用触摸屏的交互方式，用户可以直接通过手指在屏幕上滑动、敲击来完成操作，且灵敏度和精准度较高，这种交互方式既自然又直观，极大地降低了用户的学习成本。同时，设计保留了最核心的功能，去除了冗余和复杂的操作流程和装饰元素，使得产品能更好呈现内容本身，用户也能够更快捷地完成任务。

（2）设计趋向平滑化

小米13采用了百分之百平坦的轮廓，呈现出极致对称之美；小米15的中框采用四微曲半包设计，用户握持时更加舒适，重心分布更均衡。这些设计风格不仅美观，而且给人一种舒适感和愉悦感，增强了用户对产品的好感度。

（3）数据驱动的设计

小米的交互设计基于对用户需求和行为的深入了解，通过组建视障用户交流群、用户反馈专区以及定期线下交流等方式收集数据并分析，来不断优化产品体验。比如，MIUI 12.5版本中的无障碍触感设计，通过统一规划分类复杂的手机操作界面元素，设计针对性的触感反馈，帮助视障用户更好适应。

图3-13　小米手机

2.小米智能音箱

①语音交互方式。小米智能音箱采用了语音交互方式，使得用户可以通过口语命令来控制设备并进行各种操作。用户可以说出想听的歌曲、收听新闻、查询天气等，而无须使用其他设备或通过按钮进行操作。小米智能音箱还支持多语言切换，为全球用户提供更加便利的体验。

②设计趋向简单化。小米智能音箱的设计非常简洁，包括一些基本功能，如播放音乐、打电话、收听新闻等。这种设计风格使得用户很容易上手，也避免了复杂的操作流程所带来的使用难度。

③多样化的交互方式。小米智能音箱不仅支持语音交互，还支持通过物理按键和手机 App 等多种交互方式来控制设备。用户可以根据不同场景选择最适合自己的交互方式，提高了用户的灵活性和选择性。

④数据驱动的设计。小米智能音箱也采用机器学习技术，能够逐渐理解用户的口音和习惯，并根据其历史记录进行预测和建议。例如，当用户说出"小爱同学，我想听周杰伦的歌"时，设备会自动搜索并播放相应的音乐，而无须用户手动输入命令。

⑤强调反馈和可见性。小米智能音箱在交互过程中强调反馈和可见性，让用户能够清晰地看到操作流程和结果，减少误操作的可能性。比如，在进行语音控制时，设备会通过 LED 灯指示正在处理指令的状态，并通过音效和语音提示来反馈操作结果，让用户能够知道设备是否正确地理解了指令。

⑥迭代优化。小米智能音箱的设计同样是一个不断迭代的过程，小米公司通过持续的测试和用户反馈来发现和解决产品存在的问题，并进行优化和改进。例如，在最初推出时，小米智能音箱的语音识别功能并不完善，但是通过数据分析和机器学习技术的不断提升，现在已经可以更准确地识别用户的口音和指令。

3.3 设计与虚拟世界

3.3.1 什么是虚拟世界

当代互联网技术的飞速发展引领着人们进入一个数字化时代，而虚拟世界则是数字世界中的新近概念。从结果来看，一个由多个数字世界组成的完整虚拟世界，能够让用户通过自己的虚拟角色在其中游走。虚拟现实、增强现实、物联网和人工智能等技术的融合，造就了虚拟世界的诞生。

一般来说，虚拟世界由多个虚拟现实平台、游戏平台和社交平台等构成。这些平台之间可以实现无缝连接，允许用户在不同平台之间自由转换和互动。这意味着用户可以通过自己的虚拟角色，体验不同的虚拟场景、参加不同的活动，甚至可以创造自己的虚拟世界，与其他人分享和交流。虚拟世界已经成为数字经济和虚拟化技术发展的一个热门话题。尽管目前还处在初期阶段，但已经有许多科技公司积极参与其开发和建设。国内巨头网易、百度、中国电信、中国移动等公司纷纷布局相关产业。放眼国际，Google、Microsoft等科技企业都在积极探索虚拟世界领域的技术和商业机会。

从商业角度看，虚拟世界可为企业带来巨大的商业机会。在虚拟世界中，企业可以展示自己的产品和服务，提供个性化的虚拟购物体验；同时，他们也可以通过虚拟现实技术进行虚拟培训、演示和协作。因此，虚拟世界将有助于企业开拓更广阔、更具创造性的市场。

从个人角度看，虚拟世界将给人们带来更多的自由和创造力。通过虚拟世界，用户可以探索不同的场景，成为自己想成为的任何人物，也可以在自己创造的虚拟世界中体验自由和创造性。在虚拟世界中，所有的限制将由用户自己来定义。

总而言之，虚拟世界是数字世界中的一种新形态，可以为人们带来更多的自由和创造力，也是一个巨大的商业机会。随着技术和商业的不断发展，虚拟世界有潜力成为数字世界中不可或缺的一部分，并引领数字经济和虚拟化技术的新浪潮。

3.3.2 虚拟世界技术

虚拟世界是基于虚拟现实、增强现实、云计算和人工智能等技术的综合运用，构建的一个虚拟而实时的数字世界。新兴技术的出现与发展，推动了虚拟世界的快速兴起和蓬勃发展，对这些技术的了解有助于构建对虚拟世界全面完整的认识。叶毓睿、李安民等将构建虚拟世界的技术归纳为五大地基性技术与五大支柱性技术❶。五大地基性技术包括：计算、储存、网络、系统安全和AI；五大支柱性技术包括：交互与展示、数字孪生与数字原生、区块链、内容创作和治理。下面将主要介绍与设计关系较为密切的交互与展示技术、数字孪生与数字原生技术、创建身份系统与经济系统的技术以及内容创作技术。

（1）虚拟世界的交互与展示技术

交互与展示技术是IT发展史上的核心技术领域之一。在现代计算机和智能设备的发展过程中，它们经历了不断的迭代和演进。

乔布斯把施乐公司的GUI技术做了商业普及，开启了个人电脑时代。这个时期，PC的用户体验得到了彻底的更新换代。交互与展示技术的快速迭代为 PC 的普及打下了坚实的基础。这让人们对计算机的使用方式发生了很大的改变，用户可以通过图形界面、

---

❶ 叶毓睿、李安民、李晖：《元宇宙十大技术》，中译出版社，2022，第1页。

鼠标和键盘进行交互，提供了无限可能的应用场景。

举例来说，智能手机的成功和用户受欢迎程度是与其创新设计的交互与展示技术密不可分的。智能手机通过触摸屏幕的方式，使得人们不需要学习新的操作方式就可以很容易地使用和掌握手机的功能。

在虚拟世界时代，交互与展示技术也将扮演重要角色。虚拟世界作为一个虚拟的三维数字化世界，需要高效、高质量的交互界面和展示方式。虚拟世界必须提供更为复杂且灵活的对话式界面，才能实现良好的用户体验和操作效果。同时，虚拟世界的数据展示也需要更高级的技术支持，以便真正实现数据可视化、可交互、可探索的功能。

随着交互与展示技术的发展，人们可以享受到越来越多的虚拟世界创新应用，这有助于加速虚拟世界的发展。这种技术的进步将促进更好的沟通和协作，以及更好的虚拟化体验，为人们创造前所未有的新型数字世界。交互与展示技术的翻新和不断进步，将使得虚拟世界迅猛发展，同时也创造出更多令人兴奋的交互式、可控和互动性的虚拟世界应用。

（2）数字孪生与数字原生

数字孪生技术和数字原生技术是当今技术领域中备受瞩目的两个技术概念。数字孪生技术是指基于数字模型的技术，而数字原生技术则是指直接在数字环境下构建和实现应用程序的技术。

凯文·凯利（Kevin Kelly）认为，镜像世界将成为互联网历史上的第三个划时代意义的技术大平台。而数字孪生就是未来物理世界的镜像。数字孪生通过复制物理对象，将其数字化并创建详细的虚拟副本，以便实时监测和模拟物理系统的状态。例如，宝马汽车通过在工厂内部建立实时数字孪生模型来监测生产线的效率（图3-14），从而提高生产效率、降低成本和增加整个流程的可持续性。

图3-14 宝马汽车数字工厂

数字孪生技术和数字原生技术有很多相似点，特别是在数字模型方面。数字原生技术是指在数字生态系统中创建和开发应用程序，从而实现更高效、更快速的工作流程。同样，数字孪生技术提供了快速准确的模拟和测试环境，帮助优化物理世界中的生产和操作流程，并在数字模型中进行分析和优化。

随着数字孪生技术的发展，它对虚拟世界的发展将产生重大影响。数字孪生技术为虚拟世界提供了新的可能性，可以帮助实现更实时、更准确的虚实集成、可编程化环境和自动化处理。同时，数字原生技术也将在虚拟世界中扮演重要角色，实现"数字原生"经济、社会、文化和娱乐服务，以及更高效、可持续的资源利用和管理。未来，数字孪生技术和数字原生技术将激发无限的创造力和想象力，为未来的虚拟世界带来无限可能。

（3）创建身份系统与经济系统的技术

就像物理世界中的我们，虚拟世界中的每一个数字人都有自己的身份证、钱包和支付体系。数字身份成为非常重要的一环，它能够验证数字人的身份、资格和其他信息，并确保他们在未来的数字世界中被正确识别和定位。同时，通过数字身份，数字人可以获得更加安全、高效的数字化服务和应用。

虚拟世界数字人的"数字身份"是指一个数字人在虚拟世界中的身份信息存储和验证方式，包括由区块链、隐私计算、网络安全等多种技术支持的身份识别、加密和访问控制等功能。数字身份的一个重要组成部分是公钥证书，它可以证明一个数字人的身份。例如，数字人在虚拟世界中进行购物付费时，需要验证身份和使用钱包支付。数字身份使得数字人在付款时能够获得更高的信用等级和信任感。数字身份还具有许多其他方面的意义。它可以消除身份欺诈、减少交易费用并提高数字化服务的质量。数字身份的建立，也大大简化了数字人在虚拟世界中使用服务和资源的过程。它为虚拟世界提供了可持续和高效的经济系统。

随着数字身份技术的不断发展，它将为未来虚拟世界发展带来深远的影响。数字身份将成为虚拟世界内最重要的组成部分之一，它可以保证数字人更加安全、可靠、高效地在虚拟世界中使用和交易。创建身份管理和经济系统的技术发展，会极大地促进数字人的使用和相互交流，进一步促进虚拟世界的发展和繁荣。

（4）虚拟世界的内容创作技术

内容是吸引用户进入虚拟世界的主要原因，因为用户可以在虚拟世界中参与和体验各种娱乐、教育、商业和社交等活动（图3-15）。因此，虚拟世界需要大量高质量的内容来吸引和留住用户。这些内容需要具有创新性、可视化、交互性和科技性。

目前，虚拟现实和增强现实技术已经让一些初具模样的虚拟世界平台出现在人们的视野中。这些平台，如VRChat、AltspaceVR和Rec Room等，具有可自定义性的虚拟空

图3-15　某虚拟世界平台

间，可以吸引和留住许多用户。尽管这些平台可能存在一些内容质量问题，但内容创作仍然是吸引用户进入和留在虚拟世界的核心能力。

虚拟世界中的内容创作可以在各个领域进行，包括游戏、交互设计、3D建模、虚拟现实和增强现实制作等。不仅如此，人工智能、机器人技术和大数据处理技术也将极大地影响虚拟世界内容的创作和分发。例如，人工智能技术可以帮助创作者自动生成内容，并准确预测用户的需求。

随着内容创作技术的不断发展，它将会大大促进虚拟世界的可持续发展和创新发展。更先进的内容制作和发布工具将大大提高创作者的生产效率和质量，为用户提供更丰富、更优质的内容体验。此外，内容创作技术的发展，还将有助于促进创作者经济的发展和创造更多的就业机会，为未来虚拟世界的繁荣创造条件。

3.3.3　虚拟世界技术的应用

借助 VR/AR 技术，能够为医护领域的新人们提供宝贵的训练机会。Simbionix 是该领域中一种非常知名的医学模拟训练系统。该系统利用虚拟现实和增强现实技术，使用医疗和外科模拟器，让使用者感觉仿佛置身于真实的临床环境中。它提供了各种各样的临床培训模块，使用者可以进行手术手法的练习、病历分析以及疾病诊断等。沉浸式 VR 培训不光能够培训学员技能，也能在安全的环境中接触高度拟真的医院场景，提前积累临床经验。通过这种方式，学员们可以在安全的环境下进行手术，疾病的诊断和治疗，而不会发生任何实际伤害。

Simbionix拥有众多模拟器，用于支持广泛的医学专业。如适用于麻醉师和疼痛医学外科医生的微创脊柱手术虚拟现实训练模拟器Simbionix SPINE Mentor（图3-16），将真实感材料、物理脊柱模型和先进的虚拟现实能力相结合，能够以高精度和真实感模拟一个完整的过程。

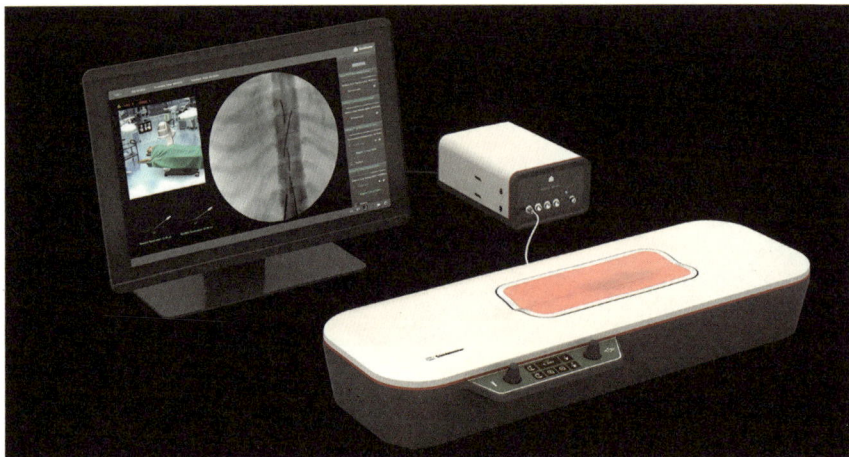

图3-16 虚拟现实训练模拟器Simbionix SPINE Mentor

带有VR的多学科腹腔镜训练模拟器Simbionix LAP Mentor（图3-17）提供了跨多个学科的最广泛的实践腹腔镜培训系统。该系统包含17个培训模块和70多个任务与案例，涵盖普通外科、妇科、泌尿、减肥、结肠直肠和胸外科手术。随着外科手术的不断发展，附加模块也在不断开发。

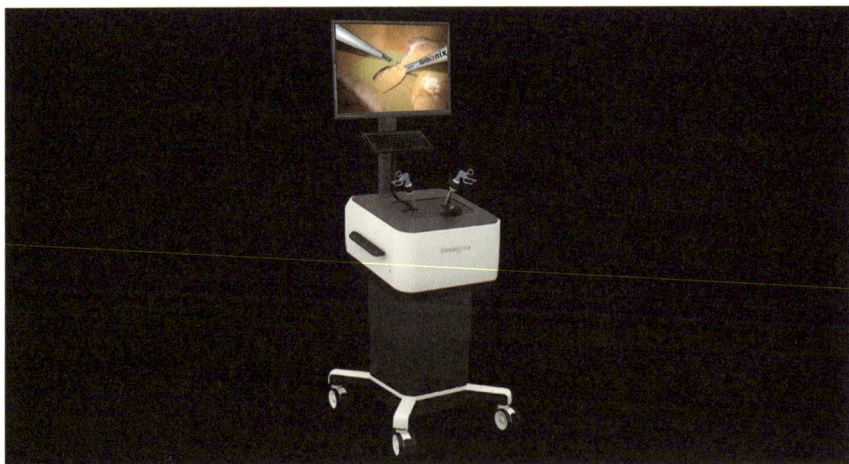

图3-17 带有VR的多学科腹腔镜训练模拟器Simbionix LAP Mentor

带有VR的U/S检查和介入模拟器Simbionix U/S Mentor（图3-18）可用于超声相关检查和介入。

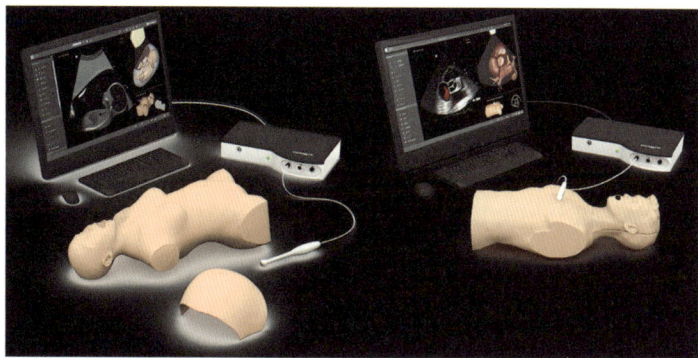

图 3-18　带有 VR 的 U/S 检查和介入模拟器 Simbionix U/S Mentor

Simbionix 仍在不断开发新型的培训模块，并为已有的模块添加 VR 支持。Simbionix 的技术方法是 VR/AR 技术的典型应用之一。虚拟世界时代虚拟技术的革新，有望为医学培训带来更多新的机遇。

3.4　新材料与加工工艺技术的挑战与机遇

3.4.1　材料及其加工工艺与设计

（1）材料与设计

材料选择和设计之间的关系是设计师必须了解和掌握的基本原则之一。设计师必须了解每种材料的特性、加工工艺、限制和优点，才能为产品或项目选择最好的材料❶。同时，随着科技不断发展，各种前沿材料技术不断涌现，对设计的影响也越来越大❷。

材料的选取，对设计的可行性有着直接的影响。如果在为设计选择材料时，对材料的强度、耐久性和使用寿命等方面缺乏了解，选择了不合适的材料，那么产品可能会很快损坏或出现其他安全问题，影响到产品的质量和可持续性。在产品的外观与质感方面，材料的颜色将直接影响到产品的外观，传达出不同的情感和风格；材料的质地和重量则会决定产品的质感和手感，影响到用户体验和产品的整体观感。同时，不同的材料成本存在差异，设计师必须考虑到产品的定位和预算，选择符合经济和市场需求的材料。想了解常见材料的基础知识及其使用方法的同学，可以参考日本日经设计编辑部整理的《材料与设计》，其中对树脂、金属、木、纸、布与皮革、陶瓷等常见的材料进行了介绍，

❶　日本日经设计：《材料与设计》，徐凌霞、徐玉珊译，中国建筑工业出版社，2017。

❷　中国工程院化工、冶金与材料工程学部，中国材料研究学会：《走进前沿新材料 3》，化学工业出版社，2022。

并以产品实例的方式对材料的基础知识和使用方法进行了介绍，具有一定的学习价值。

（2）材料加工工艺与设计

材料加工工艺与设计之间存在密切的关系，是设计师必须掌握的一项基本原则。设计师在决定材料加工工艺时，需要了解不同工艺对材料的影响以及相应的制约条件。每种加工工艺都有其独特的特点和适用范围，对材料的加工精度、表面质量、成本和时间等方面都会产生影响。因此，设计师需要综合考虑产品的形态、功能和制造要求，选择最适合的加工工艺，以确保产品的质量和性能达到最佳状态。

随着科技的进步，新的材料加工工艺不断涌现，为设计师提供了更多创新和实现更复杂设计的可能性。例如，3D打印技术和数控加工技术的发展，使得设计师能够以更灵活和精确的方式来制造产品，实现复杂形状和结构的设计。同时，新的材料加工工艺也在推动设计的发展，推动了材料的多样化和可持续性发展。设计师需要紧跟时代的步伐，不断更新自己对材料加工工艺的了解，并将其融入设计中，以创造出更具创新性和独特性的产品。了解材料加工工艺对设计的影响，将有助于设计师在材料选择和产品设计过程中做出更明智的决策，并为产品的成功开发和制造奠定坚实的基础。

3.4.2 材料及其工艺技术设计案例

（1）Adidas Futurecraft 4D鞋款

Adidas Futurecraft 4D鞋款是阿迪达斯（Adidas）采用最新3D打印技术制作的一款鞋子（图3-19）。它的特点在于中底使用了一种名为数字光学成像的技术创建（图3-20），可以为每个人量身定制鞋履的中底形状。

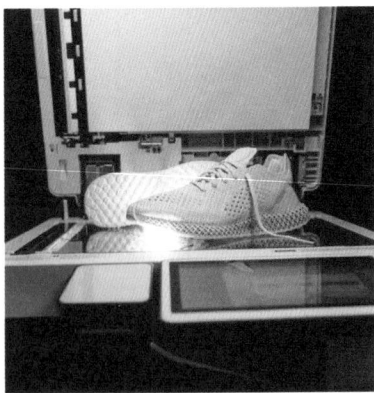

图3-19　Adidas Futurecraft 4D鞋款

图3-20　Adidas Futurecraft 4D工艺展示

与传统制鞋方法相比，这项技术可以为未来的制鞋流程带来更大的灵活性，更好地适应个体差异，保护每一位用户的足部健康。同时，这种技术还可以更有效地减少制作中产生的浪费，更加环保。

除了几何外形，Futurecraft 4D 还配备了一种名为 "Carbon Digital Light Synthesis"（碳数字光处理技术，简称 CDLS）的 3D 打印技术，可以生产出比传统制鞋方法更坚固和耐用的物料。所以不仅穿着非常舒适，也非常适合运动员穿着进行高负荷的运动练习。整个鞋款的款式也非常时尚，符合现代人的审美趣味（图 3-21）。

图 3-21　Adidas Futurecraft 4D 实际效果展示

（2）AuREUS 太阳能电池板系统

AuREUS 是菲律宾玛普阿大学学生卡维·艾伦·梅格（Carvey Ehren Maigue）发明的一种材料（图 3-22），它能够吸收紫外线并将其转化成电能，从而产生可再生能源。相比传统的太阳能电池板，AuREUS 具有更高的光电转换效率，在晴天和阴天都可以有效工作。其特殊的材料颗粒吸收紫外线后，会发出可见光，可将其转化为电能。此外，AuREUS 还能够附着在不同的物体表面上，并可成型为不同的形状，具有广泛的应用前景。经实测，AuREUS 的光电转换效率高达 48%，而传统光伏发电的效率只有 10%~25%。

长期以来，菲律宾一直受到极端天气的影响，导致许多农作物被摧毁，农民们也遭受了沉重的损失。梅格并没有任由这些作物腐烂，而是试图将它们转化为他的衬底材料的紫外线吸收剂。经过近 80 种不同类型的本地农作物的测试，梅格发现有 9 种是可用于长期使用的备选品种。当使用这些材料作为衬底时，材料具有耐用、半

图 3-22　AuREUS

图3-23 梅格正在安装测试太阳能电池板

透明和可塑性的优点。除了可用于窗户（图3-23）和墙壁外，梅格已经在研究开发可用于其他地方的材料，比如布料，并打算将其应用到汽车、船只和飞机上。

（3）咖啡渣白瓷灯

设计师们正在想方设法利用废弃物品来进行材料设计。设计师张哲凯（Jhekai Zhang）使用废弃咖啡渣创造出了大理石效果的瓷灯（图3-24～图3-26）。设计师称，全球每年至少消耗4000亿杯咖啡，生产至少800万吨咖啡渣。大部分咖啡渣被丢弃，随其他垃圾填埋或焚化处理。这不仅消耗大量能源，而且对环境也有很大影响。设计师们正在通过将咖啡渣浇在白瓷灯的半成品上，创造出新的图案。

通过利用废弃的咖啡渣创造出了新的设计元素，让废弃物品变得有价值。这种方法不仅可以减轻咖啡渣对环境的影响，同时还可以为产品增加独特的视觉效果。这也提醒我们，通过转化和利用废弃物品，我们可以更好地保护我们的环境，创造更具有价值的资源。

图3-24 制作中的咖啡渣白瓷灯

图3-25 咖啡渣白瓷灯

图3-26 咖啡渣白瓷灯亮灯效果

（4）轮胎颗粒收集器 Tyre Collective

每当汽车制动、加速或转弯时，轮胎就会产生磨损，并散布大量微小的颗粒到空气中。在欧洲地区仅一年就产生了超过50万吨的轮胎颗粒，这些微小颗粒会进入空气和环境，成为危及人类健康的污染物。据估计，轮胎颗粒占据了公路运输PM2.5排放量的50%，而在2030年，这些颗粒可能占据所有PM2.5排放量的10%。这些污染物大多会流入水路和海洋，并最终进入食物链。

研发团队的创新旨在从源头上减少轮胎颗粒的污染（图 3-27 ~ 图 3-29）。他们研发的装置可以被安装在车轮边缘上，利用静电和纺车的空气动力来收集轮胎颗粒。一旦完成收集，这些颗粒就可以被回收和重复使用，50μm 以下的颗粒可用来制造新轮胎，其他的则能用来 3D 打印或做成墨水和染料。

该收集器的使用方法非常简单：只需将其安装在轮胎上，然后就能利用静电收集轮胎排出的细小微粒了。收集的橡胶颗粒会存在一个小盒中，类似吸尘器的垃圾盒，不用天天清洁，每月清空一次即可。

（5）Stella McCartney 全循环派克大衣

英国高端生活品牌斯特拉·麦卡特尼（Stella McCartney）在 2023 年推出了全球首款"全循环"服装，一件采用 ECONYL 再生材料和可再生尼龙制作的派克大衣（图 3-30）。该大衣使用了回收废料制成的 ECONYL 再生尼龙，几乎完全由回收材料制成，并可再次回收和转化为新材料。

品牌还鼓励顾客在派克大衣使用寿命结束时将其返还，以确保其不会成为填埋场、焚烧炉或海洋中的垃圾残留物。此外，品牌还承诺为每一件售出和回收的派克大衣种植一棵红树，以帮助修复海洋，减少碳排放。

（6）100% 可循环连帽衫和生物纤维网球裙

提到可持续服装，我们不得不提 Adidas 和 Stella McCartney 在 2019 年推出

图 3-27　轮胎颗粒收集器

图 3-28　轮胎颗粒收集器实物

图 3-29　轮胎颗粒收集器细节

图 3-30　Stella McCartney 全循环派克大衣

图 3-31　100% 可循环面料连帽衫 Infinite Hoodie

图 3-32　生物纤维网球裙 Biofabric Tennis Dress

的两套可持续概念服装——100% 可循环面料连帽衫 Infinite Hoodie（图 3-31）和生物纤维网球裙 Biofabric Tennis Dress（图 3-32）。100% 可循环面料连帽衫 Infinite Hoodie 是旧衣回收技术 NuCycl 的首次商业化应用。通过提取原始纤维的分子结构块，重复创造出新的高质量纤维，NuCycl 技术本质上是将旧衣变成新的可持续原材料，从而延长纺织材料的生命周期。

Infinite Hoodie 是一款采用精细提花针织面料制成的衣服，形成的面料由 60% 的 NuCycl 新材料和 40% 的再生有机棉混合制成。这种高性能服装预示着在不久的将来，我们将会实现完全的可回收再利用。对于生物纤维网球裙，它是由 Adidas、Stella McCartney 与生物工程可持续材料纤维公司 Bolt Threads 共同研发出来的。这是目前第一款由纤维素混纺纱和 Microsilk 新材料制成的网球裙，Microsilk 是一种以水、糖和酵母等易于再生成分制成的蛋白质基材料，并且在使用周期结束时，其仍能够完全生物降解，具有较好的可持续性。此外，与 Infinite Hoodie 和 Biofabric Tennis Dress 一同推出的还有 Stella McCartney 和 Adidas 2019 年秋冬创新面料系列，该系列的面料均通过可持续生产技术制成。

（7）Sumo 可持续尿布

尽管一次性尿布易用，但父母们更希望寻找健康且可持续的替代品。解决方法包括使用生物基或可生物降解材料制成的一次性产品，或使用可重复使用的产品。设计师路易莎·卡尔费尔特（Luisa Kahlfeldt）和创意总监卡斯帕·博姆（Caspar Böhme）创造了一种完全由可持续材料制成、可重复使用的布尿布 Sumo，将生物降解和重复利用结合在一起，提供高性能和创新设计（图 3-33、图 3-34）。

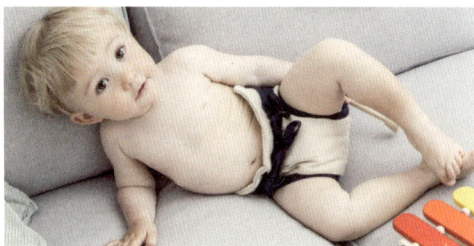

图 3-33　Sumo 可持续尿布

图 3-34　Sumo 可持续尿布细节

　　Sumo 尿布由防水罩和吸水垫组成，可根据需求进行定制（图 3-35）。覆盖物以形成口袋的方式缝合，以避免吸收性插入物滑落。设计师卡尔费尔特表示，纤维制造商 Kelheim Fibers 的特种纤维非常适合 Sumo 尿布。与其他面料一样，其纤维原料是纤维素，可生物降解。此外，由于它们的针对性功能化，它们性能超过了其他纤维素和合成纤维，对婴儿的皮肤和环境都有益处。

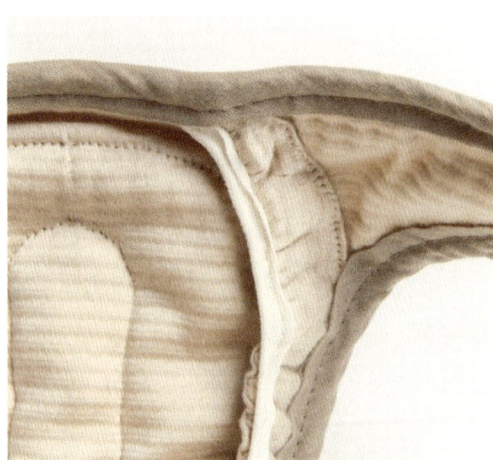

图 3-35　Sumo 可持续尿布材料细节

（8）3D 打印生物塑料餐具与花瓶

　　荷兰 Klarenbeek & Dros 工作室将活藻转化为 3D 打印生物塑料，并用此制作了餐具和花瓶等作品（图 3-36 ~ 图 3-39）。设计师认为，藻类聚合物可用于制造从化妆品瓶到餐具的所有物品，并最终替代由化石燃

图 3-36　3D 打印生物塑料餐具与花瓶

图 3-37　3D 打印生物塑料餐具与花瓶细节

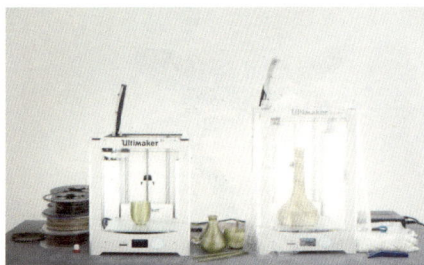

图3-38　3D打印中的生物塑料餐具与花瓶

图3-39　3D打印生物塑料餐具与花瓶成品

料制成的塑料。该工作室的最终目标是在当地创建一个生物聚合物3D打印的本地网络，让人们能够像烘焙面包一样使用有机原料进行制作。

他们解释道："我们的想法是，未来每个街角都会有一家商店，在那里你可以'烘焙'有机原材料，就像新鲜面包一样，你不必去偏远的工业区去购买跨国连锁店的家具和产品。3D打印将成为新的工艺和去中心化经济的生产方式。"

克拉伦贝克（Klarenbeek）和达罗丝（Dros）在他们的工作室对水生藻类加以培养，然后通过干燥和加工，得到可进行 3D 打印的生物多聚物（图3-40、图3-41）。此外，他们还能采用真菌、土豆淀粉和可可豆壳等多种有机原料生产生物多聚物。

图3-40　用于3D打印生物塑料餐具与
花瓶的藻类

图3-41　制备3D打印材料

她们认为："近几十年来，在世界各地大量的埋在地下数百万年的化石燃料已经被提取出来，在这个相对较短的时期内，大量二氧化碳被释放到大气中，造成了破坏性后果。由于全球变暖、海洋酸化等影响，我们必须尽快从大气中清除二氧化碳，这可以通过将碳与生物质结合来实现。作为设计师，我们只喜欢大量生产产品和材料。我们周围的一切产品，包括房屋和汽车都可能是二氧化碳结合的一种形式。如果我们从这些方面思考，可以为产品制造带来一场革新。这是关于超越碳足迹的思考：我们需要'负'排放，而不是零排放。"

（9）FIDU金属成型技术不锈钢座椅

奥斯卡·泽尔塔（Oskar Zieta），这位出生于金属加工产业家族的设计师，发明了

金属成型技术（freie innen druck umformung, FIDU），能够使用空气迫使金属根据其自然
特性膨胀和变形。这种技术通过将两片超薄钢板边缘焊接在一起，并在高压膨胀下形成
三维物体。使用这种技术制作的家具往往打破了金属的固有形象，呈现轻盈有趣的视觉
效果，为家居空间带来了独特的表现力（图3-42～图3-45）。

图3-42　FIDU金属成型技术不锈钢座椅

图3-43　FIDU金属成型技术不锈钢座椅细节

图3-44　多款FIDU金属成型技术不锈钢座椅

图3-45　FIDU金属成型技术不锈钢座椅效果图

　　采用FIDU技术制造的钢镜与反射镜一样独特。新的模块化镜子系列提供了另一个
维度的空间，并在你的墙上创造了一个独特的故事。TAFLA O系列的特点是以液滴为
灵感，以光滑、轻盈的形状为特色，并凭借其独特的形式，融合了设计、艺术和技术
的世界。镜子内部压力的自由变形为每个人提供了一种特殊而独特的形式，揭示了金
属的真实面貌——开发和使用的无限可能性。因此，我们超越了今天对形式和结构的
理解。

3.4.3　前沿新材料简述

材料一直在不断创新。人们也听说过一些新的有趣的材料，如自愈合金材料、金属3D打印、纳米材料和碳纤维等。这些新材料技术为设计行业带来了巨大的影响。其一，新材料技术增加了材料的多样性和可能性，使设计师拥有更多的可能性来创造和设计他们所想象的任何东西。其二，新材料技术改变了设计师的思维方式。设计师现在必须考虑新材料和工艺的影响，以及它们在产品和项目的实施上的应用方法。这就要求设计师不断学习新的材料和技术。

设计师了解前沿新材料至关重要。新材料对企业的可持续性和利润率有着直接的影响。设计师必须了解新的材料和技术，掌握其性能和使用方法，做出正确的材料选择。除了必须考虑到客户的需求外，设计师还应该能够发现并利用新材料的潜力，使设计具有可持续性，并减少对环境的影响。同时，了解新的材料和技术还有助于设计师赢得竞争优势，并在设计过程中更有效地利用新技术。在当今产品快速更迭、科技日新月异的世界中，了解前沿新材料能够帮助设计师保持竞争优势，并为客户提供最好的产品或项目。随着新材料的不断涌现，设计师和企业的成功将取决于他们的创新能力，以及对新材料和技术的实时跟踪与了解。

接下来将通过介绍前沿新材料案例，以期引发基于前沿新材料的设计思考。

钛合金是一种材料，在当前的现代工业中已被广泛应用。它可以被制成各种形状和大小的部件，应用于许多不同的领域，如航空航天、汽车制造、医疗器械、化工以及建筑（图3-46）等行业。这一广泛的应用，说明了钛合金在不同领域的重要地位。

图3-46　杭州大剧院

钛之所以被人们广泛关注，是因为它具有轻质、高强、耐蚀等多种优点。而钛合金更是优点众多。钛合金材料强度高且密度相对较低，在某些应用场景中可以取代钢铁和铝合金，减轻整体重量同时不影响材料的强度和刚度。同时，钛合金具有优异的抗腐蚀性能，可以抵御氧化、腐蚀和高温腐蚀等各种恶劣环境。此外，这种材料还具有良好的生物相容性，可以被用于与人体接触的医疗器械以及其他生物医学领域。

根据应用场景的不同，对钛合金的特性也有不同的要求。例如，在航空航天产业中，钛合金的要求是具有极高的强度和刚度、轻量化以及优异的耐腐蚀性能。在船舶和海洋工程中，钛合金应具有良好的耐海水腐蚀性和耐重压强性能。而在医学领域中，钛合金还必须满足生物相容性要求，这意味着它需要具有较低的毒性，并在人体内获得良好的生物相容性。

在航空航天领域，钛合金被广泛应用于各种结构件、航空发动机、飞机机身等部件中，其抗拉强度、蠕变强度、高温稳定性、疲劳强度、断裂性和可加工能力能够取代传统材料，满足航空航天器的性能要求（图3-47）。

图3-47 航天航空器

在海洋工程领域，钛合金被应用于制造海洋平台、海底管道等关键设备中（图3-48），这是因为钛合金耐蚀性强、比强度高，在海水、海洋大气及潮汐环境中均有极好的耐蚀性。

在医疗工作领域，许多医疗器械都使用钛合金制成，其中包括人工骨骼（图3-49）、导管和修复植入物等。这些器械在疗效、安全性和稳定性方面都能得到保证，正是由于钛合金具有良好的生物相容性和抗腐蚀性等特点。

图3-48 我国海洋油气开采平台

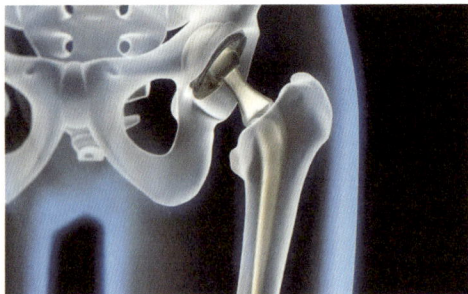

图3-49 钛合金医疗器械产品

第 4 章

产品设计与
文化的融合
创新

4

4.1 虚拟现实赋能传统文化

4.1.1 虚拟现实与传统文化

虚拟现实（virtual reality，VR）技术是一种基于计算机技术和传感器技术，能够创造出逼真的虚拟环境，使用户能够身临其境并与虚拟环境互动的技术。虚拟现实技术最早起源于20世纪60年代的美国，随着计算机技术和显示技术的不断发展，虚拟现实技术也得到了快速发展和普及，目前已广泛应用于游戏、影视、医疗、军事等领域。

传统文化是指在特定时空环境中形成的、承载着某种文化内涵、具有独特文化价值的文化体系。传统文化涉及文学、艺术、哲学、宗教、习俗、礼仪等方面，是一个国家或地区独有的文化资源和文化遗产。传统文化不仅是一个国家或地区文化的重要组成部分，也是一个民族或国家的精神支柱和文化认同。

虚拟现实技术和传统文化在不同方面都有着广泛的应用和深入的研究。虚拟现实技术可以模拟和重现传统文化的场景和内容，如历史遗迹、传统建筑、传统手工艺等，从而使人们可以更加直观、深入地了解和体验传统文化。同时，虚拟现实技术也可以为传统文化的保护和传承提供新的思路和手段，如数字化博物馆、虚拟遗址重建等。传统文化的内容和价值也为虚拟现实技术的应用提供了丰富的素材和主题，如古代神话、传统节日、民间故事等，使虚拟现实技术不再是简单的娱乐工具，而成为一种创新的文化表现和传播方式。总之，虚拟现实技术为传统文化的保护、传承和创新提供了全新的机遇和手段，有望推动传统文化在数字时代的发展和传播。

4.1.2 虚拟现实与文化遗产

虚拟现实与文化遗产的结合有利于文化遗产的数字化保存。虚拟现实技术可以对文化遗产进行数字化重建，以便更好地保存和传承。通过虚拟现实技术，可以精确还原文化遗产的形态和细节，将其保存在数字空间中，避免了传统保存方式可能面临的人为破坏和自然灾害等风险。例如，著名的大英博物馆推出了基于虚拟现实技术的"大英博物馆导览"应用，通过虚拟现实技术带领观众参观博物馆的藏品和展览。

虚拟现实技术有利于可视化呈现文化遗产，可以将文化遗产以更加生动、立体的形式呈现，使人们更好地了解和体验文化遗产。通过虚拟现实技术，人们可以身临其境地参观历史遗迹、传统建筑、文物博物馆等，感受文化遗产的魅力和内涵。这有助于激发人们的文化自豪感和认同感，从而促进文化遗产的保护和传承。

例如，敦煌研究院利用虚拟现实技术重建了莫高窟的数字化模型，通过虚拟漫游，让人们身临其境地感受莫高窟的文化魅力。敦煌莫高窟的壁画和雕塑是世界文化遗产，但随着时间的推移，它们受到了自然风化、游客活动以及其他环境因素的影响。为了更好地保护这些文化遗产，并提供更全面的研究资源，创建了一个数字化模型来记录、保护和研究莫高窟，如图4-1所示。实现过程分为两个阶段：数字化采集与扫描，数据处理与重建。团队使用高精度的3D扫描激光仪对莫高窟的内部和外部进行扫描，采集关键的数据点。通过激光扫描，莫高窟的每一寸表面都得到了准确的数字化记录，包括图像、雕塑、壁面的纹理和结构等。另外，针对主题的数字化采集，还采用了高分辨率的摄影技术，以确保绘画的色彩、细节和纹理还原。同时，为了增加对莫高窟内部的探测深度，还采用了地质雷达和地球物理探测技术，揭示潜在的主题或结构。在处理阶段，将采集到的数字化数据，利用视觉和图像处理技术进行数据处理和重建。这些数据点和图像被整合成一个高精度的3D模型，呈现出莫高窟的真实模样。此外，还可以对采集到的图像进行整理、调整和修正，以保证数字模型的精确度和一致性。对于图像纹理的处理，可能会采用高级图像复制算法，消除图像上的噪点和失真。虚拟现实环境搭建完成后，用户可以佩戴VR设备，进入虚拟莫高窟之旅。他们可以在虚拟环境中自由漫游，观赏壁画、雕塑和建筑的细节，甚至可以进行互动，比如触发音效、弹出历史文化

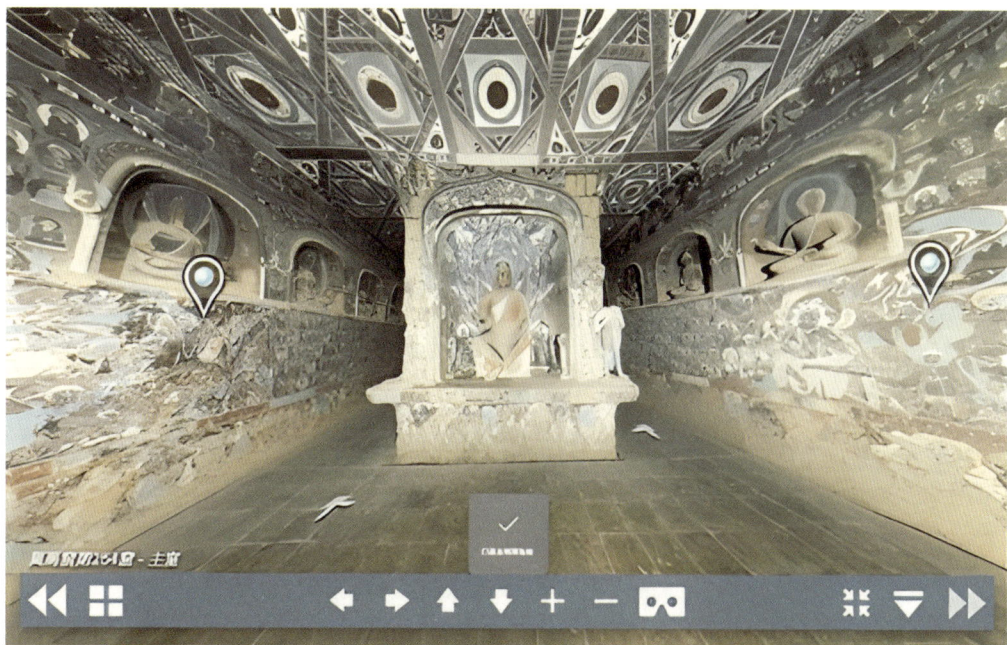

图4-1　敦煌莫高窟文化数字化展示

信息等。

敦煌莫高窟的数字化案例通过数字化技术的综合应用，实现了对莫高窟的全面保护和虚拟现实展示。激光扫描、高分辨率摄影等技术采集了大量精准的数据，包括形象、雕塑和建筑等方面的细节。经过数据处理和重建，生成了高精度的3D模型，真实还原了莫高窟的模样。虚拟现实技术为游客带来了身临其境的莫高窟体验，使他们可以在虚拟空间中探索莫高窟的壁画和雕塑，近距离观察细节，并通过导览和解说了解文化背景和历史。虚拟现实的应用还有助于保护莫高窟的可持续发展，减少实际参观对文物的损害和腐蚀。总的来看，这个数字化案例为敦煌莫高窟的文化传承和保护做出了重要贡献。

4.1.3　虚拟现实与文化创意

虚拟现实技术不仅能为文化创意产业带来新的创新机遇，还能为创意展示提供全新的方式和手段，通过数字化模拟和虚拟演示，使人们能够更好地了解和体验创意作品。例如，利用虚拟现实技术，可以将绘画、雕塑等艺术作品数字化重建，然后通过虚拟现实技术进行展示和演示，让观众更加直观地了解和欣赏艺术作品；此外，虚拟现实技术可以为创意交流带来新的机遇和方式，通过虚拟空间和虚拟社交平台，让创意从线下延伸到线上。可以创建虚拟艺术展览、虚拟音乐演唱会等活动，让参与者可以在虚拟空间中进行交流和互动；同时，虚拟现实技术可以为创意合作带来新的机遇和方式，通过虚拟协作平台，让来自不同地区、不同领域的人们可以在虚拟空间中进行创意合作。可以创建虚拟工作室、虚拟协作平台等场景，让设计师、艺术家、工程师等可以在虚拟空间中进行协作和创作。

如图4-2所示，在2019年法国著名博物馆卢浮宫与HTC Vive合作的虚拟艺术展中，利用虚拟现实技术创建了一次名为"卢浮宫VR"的虚拟展览活动，让参观者可以在虚拟空间中欣赏展览中的珍贵文物和艺术品。本次虚拟艺术展包含了多方面的内容。

①艺术品数字化再现：卢浮宫与HTC Vive合作，利用高精度的3D扫描和渲染技术，将博物馆内的一些珍贵艺术品进行数字化再现。参观者可以通过虚拟现实头戴设备进入虚拟展览空间，欣赏这些艺术品的三维模型，仿佛置身于真实的卢浮宫展厅。童话参观体验：这个虚拟现实艺术展不仅是观赏，还提供了童话参观体验。参观者可以通过手柄或控制器与虚拟环境交互，自由选择浏览的路线和展览品，实现童话般的艺术探索。

②跨越时空的文化体验：虚拟现实技术使得参观者能够跨越时空，欣赏不同艺术作品。无论是古代雕塑、绘画，还是艺术作品，都可以在虚拟展览中一览无余。

③全球共享观众：由于是虚拟的数字化展示，参观者无须亲临卢浮宫，全球任何地

方的人都可以通过 HTC Vive 的设备参与本次虚拟艺术展，增加了观众的覆盖面和互动性。

　　虚拟艺术展让人们在不离家门的情况下，畅游了世界一流博物馆的文化艺术之旅，打破了时空的限制，为文化艺术的传播带来了新的可能性。此类虚拟现实艺术展也成为其他博物馆和文化机构的典范，推动虚拟现实在文化创意领域的应用和发展。

图 4-2　"卢浮宫 VR"的虚拟展览

4.1.4　虚拟现实与文化教育

　　虚拟现实技术在文化教育领域中具有很大的潜力，可以通过创造沉浸式的学习体验，促进文化教育的普及和提升，虚拟现实技术可以创建出逼真的虚拟实验室，让用户在虚拟空间中进行实验操作和学习，同时提供更加深入和个性化的解说和教育体验。例如，斯坦福大学推出的"虚拟实验室"项目，利用虚拟现实技术创造出逼真的实验场景，让学生可以在虚拟空间中进行实验操作和学习，同时提供有声导览和互动元素，使学生可以更加深入地了解实验原理和实验操作。

　　虚拟现实在文化教育领域的应用需求十分广泛，为学生和公众提供了更加丰富、多样、沉浸式的学习体验。

　　① 虚拟历史课堂：通过虚拟现实技术，学生可以身临其境地观看历史事件的场景，

如古罗马竞技场、中国古代宫殿等，这种虚拟历史课堂使学生能够更深入地理解历史事件的背景和意义，增强对历史文化的兴趣。

②虚拟艺术探索：通过虚拟展览，学生可以参观世界各地的艺术展览，了解不同文化的艺术表现形式。他们可以近距离欣赏名画、雕塑等艺术品，还可以亲自参与现实艺术创作，提升创意和审美能力。

③虚拟语言学习：虚拟现实技术可以为学习提供沉浸式的环境。学生可以在虚拟现实语言场景中与虚拟角色进行对话练习，提高口语交流能力。此外，虚拟现实还可以模拟各种语境，帮助学生更好地理解语言的应用场景。

④虚拟博物馆与考古探险：虚拟现实使得博物馆中的文物可以以数字化的形式展示，学生可以通过虚拟博物馆了解文物的历史和文化背景。同时，虚拟现实还可以模拟考古探险的场景，让学生参与到考古的过程中，培养科学探索精神。

⑤虚拟文化交流：虚拟现实为跨文化交流提供了新的途径。学生可以通过虚拟现实与其他国家的学生进行虚拟文化交流，分享各自国家的文化、传统和习俗，促进对文化多样性的认知和理解等。

2021年，斯坦福大学推出了名为"虚拟实验室"（Virtual Lab）的项目，如图4-3所示，这是一个利用虚拟现实技术来改进和增强教育体验的创新举措。该项目旨在为学生提供更加丰富、沉浸式和交互性强的实验教学体验，同时为教师提供更加灵活、多样化的教学方法。该项目具有沉浸式实验体验，通过虚拟现实技术，学生可以身临其境地参与到实验环境中，仿佛置身于真实的实验室中。这样的沉浸式体验可以增强学生对实验内容的理解和记忆。此外，该项目采用交互式学习方式，允许学生在虚拟环境中进行实验操作，观察实验现象，并进行数据采集和分析。学生可以通过手柄或控制器与虚拟环境交互，提高实验技能和实验设计能力。跨学科教学也是该项目的重要特点之一，针对特定学科开展，尝试将虚拟实验纳入多个学科的教学中。这样可以拓展学生的学科视野，促进跨学科知识的融合。更重要的是，斯坦福的虚拟实验室项目鼓励教师共享自己设计的虚拟实验教学资源，形成一个开放的教学资源平台。这样的共享可以为教师提供更多的教学素材和案例，提升教学质量。该虚拟实验室项目的推出体现了教育界对虚拟现实技术的重视和尝试。虚拟实验室项目为学生提供了更多的实践机会和自主学习空间，也为教师提供了创新的教学手段。虚拟现实技术的发展将持续推动教育领域的创新和进步。

虚拟现实技术在赋能传统文化方面有着广阔的发展前景。随着技术的不断发展和普及，虚拟现实技术可以应用于更多的文化领域，创造出更加丰富、深入和直观的文化体验。虚拟现实技术也可以促进文化的跨界融合和创新，创造出更加多样、富有创意的文化产品。虚拟现实技术的应用还可以促进文化产业的发展和壮大，成为推动文化创意产业转型升级的重要力量。

图4-3　"虚拟实验室"（Virtual Lab）项目

4.2　IP结盟的文化内涵

文化是一种包含精神价值和生活方式的生态共同体。它通过积累和引导创建集体人格。IP即"intellectual property"，意为知识产权。文化IP特指一种文化产品之间的连接融合，是有着高辨识度、自带流量、强变现穿透能力、长变现周期的文化符号。按文化IP的内容划分，可分为传统文化IP、企业文化IP、地域文化IP等。

4.2.1　文化IP与戏剧

文化IP与戏剧之间存在着紧密的联系。文化IP是指文化创意作品所拥有的知识产权，包括但不限于版权、商标、专利等，用于保护和管理创意作品的权益。戏剧作为一种重要的文化创意表现形式，也涉及文化知识产权的保护和运营。

戏剧作品的版权需要得到保护。作为一种文学艺术形式，戏剧作品的剧本、对白、舞台指导等部分都属于文学作品，均受版权保护。戏剧作者可以通过版权注册和合同签署等方式，保护自己的创作权益，禁止他人未经授权地复制、使用或改编。与此同时，戏剧作品作为文化IP，具有一定的商业价值。在戏剧成功后，通常会出现各种衍生产品的开发，如音乐原声带、电影、电视剧、漫画等，进一步拓展戏剧作品的市场影响力和商业价值。此外，成功的戏剧作品通常会引起其他文化产业的关注，如影视公司、音乐制作公司、出版社等。这些公司可能通过购买戏剧IP的授权，将其改编成电影、音乐或小说，从而扩大文化IP的市场影响。文化IP的成功运营需要专业的推广与管理策略。对于戏剧IP来说，演出、合作、品牌授权等都是常见的运营手段，有助于戏剧作品在不同领域的发展和更广泛的传播。更重要的是，作为文化IP，戏剧也面临着利益冲突。未经授权的使用或改编可能会侵犯原创作者的版权权益。因此，有效的知识产权保护策略对于戏剧作品的长期发展至关重要。总的来看，文化IP和戏剧之间相辅相成。成功的戏剧作品在保护、运营、推广和开发衍生品方面都依赖文化IP的管理和运营策略。同时，戏剧作为文化IP的一种形态，也为文化产业的发展做出了重要的贡献。

著名文化IP与戏剧的一个经典案例是《猫》，如图4-4所示。该音乐剧由英国作曲家安德鲁·劳埃德·韦伯（Andrew Lloyd Webber）创作，改编自艾略特（Eliot）的诗集。该音乐剧于1981年首次在伦敦西区上演，取得了巨大的成功。这个案例展示了文化IP如何与戏剧相结合，带来商业成功和持久的影响。音乐剧《猫》是根据艾略特的诗集改编的，该诗集在文学界深受喜爱，拥有广泛的读者群。通过将这些经典诗歌与音乐剧形式结合，为原创的文化IP增添了新的表现形式和市场潜力。创作过程中采用了大量的舞蹈表演和戏剧技巧，以独特的视觉效果和戏剧张力，成功地帮助演员们扮演猫的形象并带入舞台，引发了观众的共鸣。这种戏剧的创新与成功使《猫》成为当代戏剧的经典之作。

随着音乐剧《猫》的成功，其文化IP得到了更广泛的开发。音乐剧的原声带和表演持续成为热销产品，同时推出了许多文化衍生产品，包括书籍、海报、T恤等，进一步扩大了《猫》的市场影响力。此外，音乐剧《猫》在全球范围内进行了广泛的巡演，吸引了无数观众，最终还被改编成电影，进一步推动了文化IP的传播。然而，随着音乐剧《猫》的成功，也面临着文化知识产权保护的挑战。确保版权和相关权益的合法保护，防止侵权行为，维护原创作者的利益是非常重要的。音乐剧《猫》的成功案例充分展示了文化IP与戏剧之间的合作潜力。通过充分挖掘文化IP的价值，创作出优秀的戏剧作品，不仅为观众带来了丰富的文化体验，也为文化产业带来了可观的经济效益。

图4-4　音乐剧《猫》

　　文化IP可以在多种场景下应用，如舞蹈诗剧《只此青绿》，这是文化IP与戏剧结合的一个案例（图4-5）。"只有将中华优秀传统文化与当下民众的生活相融合，才能绽放出持久的魅力与生机。"中国东方演艺集团与故宫博物院联手，用舞台剧的形式，将博物馆中"静"的文物遗产和古籍文字"动"起来。舞蹈诗剧《只此青绿》因此应运而生，赋予《千里江山图》新的生命力。观众在沉浸式的舞台剧中感受到了中华传统写意山水画的魅力与风采。演出之后，《只此青绿》成为炙手可热的文化IP。围绕这一IP，中国东方演艺

图4-5　舞蹈诗剧《只此青绿》

集团进行了诸多尝试，涉及教育娱乐、健身器材、办公用品和日化用品等各个方面，其巨大的商业潜力也进一步得到开发。自《只此青绿》开演以来，迅速获得市场和口碑的双丰收。这部从博物馆中"走"出来的舞蹈诗剧，将人民创造与艺术创新紧密结合，将历史经典与当代弘扬相承一脉，激发了民族文化基因和文化自信。在国潮兴起的背景下，传统文化创新作品的火爆并非个例。如何将作品的热度延续下去，通过IP转化和创新传播来获得社会效益和经济效益的最大化，是需要解决的难题。《只此青绿》从立项策划到运营全过程，集合了国内顶级文化资源，发挥各自优势，在国内成功探索了国家顶级院团、中央媒体和优秀民营文旅企业合作促进传统文化IP转化的新模式和新机制。

舞蹈诗剧《只此青绿》以"中国十大传世名画"之一的《千里江山图》为创作背景和灵感来源，自2021年8月首演至2025年初，已在海内外巡演650余场，场场爆满，一票难求。从亮相《国家宝藏》到哔哩哔哩平台惊艳破圈，从央视春晚展卷到掀起全国"青绿"热潮，《只此青绿》全媒体平台曝光达到100亿级，成为现象级的文化IP。在传播层面上，借助网络平台精准打造记忆点，实现从传者思维到用户思维的转变，也让《千里江山图》这一国宝文物"活"起来，吸引越来越多的人关注中国传统文化，成为国潮文化崛起新时代的创新典范。全国巡演的持续热度为文创产品和衍生品提供了大量市场机会。目前，通过契合年轻人的方式，开发了系列IP文创产品、数字藏品和纪念票等，并跨界零售、服装、时尚和娱乐等多个领域，探索IP多元开发，反哺剧目，实现剧目IP的多元创收和良性运营。

《只此青绿》活化了《千里江山图》（图4-6），将中国美学文化IP从舞台艺术带入生活艺术。在日常生活审美化的今天，传统文化通过文化IP实现了艺术与生活的有机融合，焕发出无限生机。

图4-6 《千里江山图》

4.2.2　文化 IP 与影视作品

文化 IP 与影视作品之间有着密切的关系，相互促进、融合，形成了一个互动的生态系统。经典文学作品、漫画、小说等优秀文化 IP 往往成为影视作品的改编对象。影视作品将这些文化 IP 搬上大银幕或电视屏幕，广泛传播其故事和情节。成功的影视作品通常会带来大量衍生品，如电影周边产品、DVD/蓝光光盘、影视原声带、小说化等，通过延伸影视作品的价值，进一步推广和传播影视 IP。影视作品具有强大的传播力和吸引力，当影视作品以文化 IP 为基础时，能够进一步推动文化 IP 的传播。影视作品作为大众文化形式，可以吸引更多观众，让更多人了解和熟悉文化 IP。同时，优秀的文化 IP 赋予影视作品独特的文化内涵和价值，使得影视作品更具深度和影响力。

文化 IP 和影视作品都具有创意性、故事情节和角色塑造、市场影响力、传承和发展、跨界合作等特点。

①创意性：文化 IP 和影视作品都高度依赖创意。文化 IP 是优秀创作的产物，而影视作品则是在此基础上进行创新和改编的成果，这种创意性是文化产业和影视产业发展的重要动力。

②故事情节和角色塑造：文化 IP 和影视作品都注重故事情节和角色塑造。影视作品在改编文化 IP 时，需要对原著进行创新和适度调整，以符合影视表现的需要。

③传承和发展：文化 IP 和影视作品的关系有助于文化的传承和发展。影视作品通过改编和演绎，为优秀的文化 IP 带来新的生命和价值。

④市场影响力：文化 IP 和影视作品的结合常具有强大的市场影响力。优秀的文化 IP 作为影视作品的基础，可以吸引更多观众和粉丝，形成良好的口碑和品牌形象。

⑤跨界合作：文化 IP 与影视作品之间的合作促进了文化产业和影视产业的跨界合作。文化 IP 的版权持有者与影视制作公司的合作，推动了影视作品的创新和发展。综上所述，文化 IP 与影视作品之间形成了一个相互促进、相互融合的生态系统。优秀的文化 IP 成为影视作品的源头和创意基础，而影视作品通过改编和演绎，为文化 IP 赋予新的生命力和市场价值。这种互动为文化产业和影视产业的发展提供了丰富的创作资源和市场机遇。

近年来，融合了传统的综艺节目和影视剧成为荧屏之上的亮点，收视率一直居高不下。这些综艺节目和影视剧植根于传统文化精神，挖掘其当代价值，结合现代生活的创新表达方式，形成了新的文化 IP，其内涵和深度不断提升，同时也让中华优秀传统文化在传播过程中得到传承与弘扬。中央广播电视总台打造的文博综艺节目《国家宝藏》立足于中华文化宝库资源，通过台前讲述与戏剧展演等创新方式，演绎文物背后的故事，让冰冷的文物"活"起来，吸引更多观众走进博物馆，唤起大众对文物保护的重视

（图4-7）。如今，《国家宝藏》已成为具有全产业链价值的顶级文化IP，通过全方位、多元化、跨圈层的运营，使文化遗产不再是死的遗产，而是活的财富。

图4-7　综艺节目《国家宝藏》

通过案例可以看出，文化IP与影视作品之间的合作，不仅为观众带来了丰富的文化体验，也为文化产业和影视产业的发展提供了新的动力。传统文化赋予了文化IP源源不断的丰厚素材，文化IP在汲取传统文化养分的同时赋予传统文化生生不息的生命力。

4.2.3　文化IP与文创产品

文化IP（知识产权）与文创产品（文化创意产品）之间存在着紧密的关系。文化IP指的是具有独创文化特征并受到知识产权保护的文化创意作品，如文学作品、艺术作品、影视作品、动漫等。这些优秀的文化IP为文创产品提供了丰富的创意基础，而文创产品则是对文化IP的创新和延伸。通过重新解读、改编和融合文化IP，能够创造出新颖多样的商品或服务。文化IP的独特价值和文化底蕴，可以为文创产品带来独特的品牌形象和市场竞争力。

文化IP与文创产品的结合能够将文化创意转化为商业价值。文化IP的知名度和受欢迎程度有助于吸引更多的受众和消费者，从而为文创产品带来成功的商业效益。IP与文创的结合具备创意性、价值传承、跨界合作、市场吸引力、文化传播等多方面特点。

①创意性：文化IP和文创产品都具有很高的创意性。文化IP本身是优秀创作的产物，而文创产品是在此基础上进行创新和设计的成果。这种创意性是文化产业发展的重

要驱动力。

②价值传承：文化IP与文创产品的结合，有助于传承和弘扬传统文化。通过将传统文化元素融入文创产品，可以激发公众对传统文化的兴趣，提高对传统文化的认知和理解。

③跨界合作：文化IP持有者与创意企业、设计师、制造商等合作，共同推出文创产品，创造更多的商业价值。这种跨界合作促进了文化产业的融合与发展。

④市场吸引力：优秀的文化IP与文创产品的结合，可以为产品带来独特的品牌形象和市场竞争力。文化IP的影响力有助于吸引更多受众和消费者，提高产品的销售和推广效果。

⑤文化传播：文化IP与文创产品的结合，为文化传播提供了新的方式和平台。通过创意的产品设计和市场推广，文化IP可以获得更广泛的传播和认可。综上所述，文化IP与文创产品之间关系紧密，互相促进。通过充分挖掘文化IP的价值，创作出优秀的文创产品，不仅能为文化产业带来经济效益和市场影响力，还能为传统文化的传承与发展做出贡献。

故宫文创的发展历程可以追溯到20世纪末和21世纪初，但真正大规模的文创产品推广和发展始于近年来。故宫文创产品的发展可以分为五个阶段。

①初始阶段（20世纪末—21世纪初）：故宫开始尝试推出一些文化壁纸和书籍，以满足游客需求。这些产品包括明信片、明信片册和小型书籍等，种类较少，未形成大规模的文创产业。

②文创意识觉醒（2010年前后）：故宫逐渐意识到文创的商业潜力，开始与文创企业合作，开发和设计更多文创产品，如文具、家居用品和服饰。这些产品不仅在故宫的店铺销售，还通过文创店和线上平台推广。

③文创产品拓展（2015—2018年）：故宫文创产品得到进一步发展和拓展，与更多文创企业和设计师合作，推出了更多有特色的文创产品，如图4-8所示，涵盖更广泛的品类，如数码产品、创意家居用品和个性化壁纸等。文创产品的品质和设计也得到提高，吸引了更多消费者和游客。

④数字化创新（2018年至今）：故宫文创开始数字化创新，推出了一系列数字化产品，如故宫文创手机App、电子图书和虚拟展览等。这些数字化产品为公众提供了更加便捷和

图4-8　故宫文创产品

多样化的文创体验。随着故宫文创影响力的扩大，越来越多的国际品牌和设计师也加入了与故宫的合作。这些跨界合作为故宫文创带来了更多创意和市场机会，有助于将中国传统文化传播到国际舞台。综上所述，故宫文创经历了从初始阶段到文创意识觉醒、产品拓展、数字化创新以及跨界合作与国际化发展的历程。故宫文创的不断发展为故宫博物院带来了新的收益和传播路径，也为中国传统文化的传承和发展做出了积极贡献。

4.3　文化 IP 与电子游戏

电子游戏被称为第九艺术，是当今最受人们欢迎的休闲娱乐方式之一。电子游戏是一种基于电子技术的交互式娱乐形式，玩家可以通过操作游戏中的虚拟世界来获得娱乐和乐趣。电子游戏涵盖了各种类型，包括动作、射击、角色扮演、体育等。电子游戏在 20 世纪中期开始兴起，随着计算机技术和网络技术的发展，电子游戏产业也逐渐成为一个非常庞大的产业。

电子游戏与文化之间存在着紧密的关系，并且具有一些特点。电子游戏作为一种虚拟体验和娱乐形式，融合了多种文化元素，并在全球范围内传播，促进了不同文化的融合。许多电子游戏的主题和背景都来源于不同的文化。游戏制作者会根据不同文化的历史、传统、神话故事等，创作出带有文化脉络的游戏世界和故事情节。游戏的艺术风格和设计通常也反映一定的文化特色。不同地区和国家的游戏制作者会运用独特的艺术风格，表现出与文化相关的美学和特点。游戏中会使用特定的语言进行对话和交流。不同语言的使用能够体现游戏开发者的文化背景，也为全球玩家提供了跨文化的游戏体验。此外，电子游戏在创作中普遍传播并融合不同的文化元素。这些元素可以是传统节日、建筑风格、服饰文化、音乐等，使得游戏具有多样性和吸引力。电子游戏作为一种全球性的娱乐形式，能够跨越国界和语言壁垒，传播不同的文化。通过游戏，玩家可以了解和接触来自世界各地的文化内容，促进文化的交流和理解。在融合不同文化元素的过程中，也能够进行文化创新。游戏制作者可以将不同文化元素重新组合，创造出新的虚拟世界和游戏体验。许多电子游戏以特定的文化为背景，为玩家提供了认同感和自我表达的机会。玩家可以通过游戏体验，普及自己所喜欢的文化，增强文化认同和自豪感。一些教育类游戏也普遍以文化为主题，通过游戏的方式向玩家传授历史、地理、文学等方面的知识，提高玩家对文化的认知和理解能力。重要的是，电子游戏为全球玩家提供了一个共同的娱乐平台，促进了不同文化之间的跨文化交流。玩家可以在游戏中结识来自其他国家和地区的朋友，分享不同的文化经验。总之，电子游戏与文化之间的关系紧密而复杂。游戏作为一种全球性的娱乐形式，能够传播和影响不同文化，并为玩家提供跨文化的游戏体验和交流平台。文化元素和创新也为游戏产业的发展带来了更多可能性。

文化与第九艺术的结合已有很多成功案例。《黑神话：悟空》是由杭州游科互动科技有限公司制作，浙江出版集团数字传媒有限公司出版的单机动作类角色扮演游戏（图4-9）。游戏背景故事取材于"四大名著"之一的《西游记》，玩家扮演角色"天命人"，为探寻昔日传说的真相，踏上一条充满危险与惊奇的西游探寻之路。是一款将文化与第九艺术精妙结合的典范之作。

游戏以《西游记》为蓝本，通过创新视角进行文学传承，如玩家化身的"天命人"是对孙悟空的"二创"。对《云宫迅音》《敢问路在何方》等传统音乐进行二次创作，融合陕北说书形式，让传统音乐成为文化传播新载体。同时，在歌词中引用古典诗词，融合宋明理学观点，激发民族情感共鸣，为文学传承发展开辟新途径。游戏对传统神话叙事进行突破，采用非线性叙事手法融入二十八星宿文化等传统神话元素，巧妙运用古典元素，进行符号化提炼，对角色和情节再创造，打破不同领域之间的壁垒，让传统文化以新媒体数字化立体式呈现，达到寓教于乐的效果。

《光·遇》与上海美术电影制片厂的经典国漫作品《九色鹿》开展联动，将传统文化与"第九艺术"游戏紧密结合（图4-10）。《九色鹿》以敦煌壁画《鹿王本生》为蓝本创作，采用敦煌壁画风格，讲述惩恶扬善的故事。在《光·遇》的"九色鹿季"版本中，游戏打造了致敬敦煌鸣沙山月牙泉的场景"月牙绿洲"，描摹了岩壁上的敦煌风格壁画，还设计了融合敦煌文化与《光·遇》风格的角色外观。此次联动并非只停留在美术层面，更深入《九色鹿》背后以敦煌文化为源头的内涵，通过游戏叙事将真善美的价值引导传递给玩家。玩家在游戏里修复壁画、与九色鹿同行，帮助他人，逐渐理解"九色鹿"故事的精神内核。这种联动以数字游戏为载体，让全球玩家在沉浸式交互体验中接触敦煌文化，感受中华传统文化的独特魅力，实现了传统文化的创新传播与传承。

图4-9　《黑神话：悟空》

图4-10　《光·遇》与《九色鹿》联动活动图

除此之外，还有很多其他的成功案例。如图4-11《文明》系列，是由美国游戏公司Firaxis Games开发的循环制战略游戏系列。游戏的核心是玩家领导一个文明的发展，从史前时期走向未来。游戏中涉及各种文化的历史、科技、建筑、文学等元素，玩家可以通过游戏了解不同文明的发展历程。如图4-12《神秘海域》系列，是由美国游戏公司顽皮狗开发的动作冒险游戏系列。游戏的主角纳森·德雷克（Nathan Drake）是一个冒险家，游戏的情节涉及了历史、考古学、神秘主义等文化元素，玩家在游戏中可以体验到跨越不同文化和地域的冒险。《尼尔：纪元》，是由日本游戏公司Platinum Games开发的动作机械角色扮演游戏。游戏的背景设定在人工智能与人类战斗的未来世界，游戏中涉及机械、哲学、宗教等文化元素，为玩家呈现一个复杂而深刻的故事。如图4-13《极品飞车》系列，是由加拿大游戏公司EA Black Box（后由Ghost Games接手）开发的赛车游戏系列。游戏的背景和音乐融合了不同地域和文化的元素，为玩家带来了全球各地的赛车体验和音乐风格。这些案例都展示了电子游戏与文化的结合。游戏制作者通过融合不同文化的元素，创造出主流的游戏世界和情节，为玩家提供了跨越文化边界的游戏体验。这种文化结合为游戏增强有了深度和吸引力，并使游戏变得更加全球影响力。

图4-11 《文明》系列

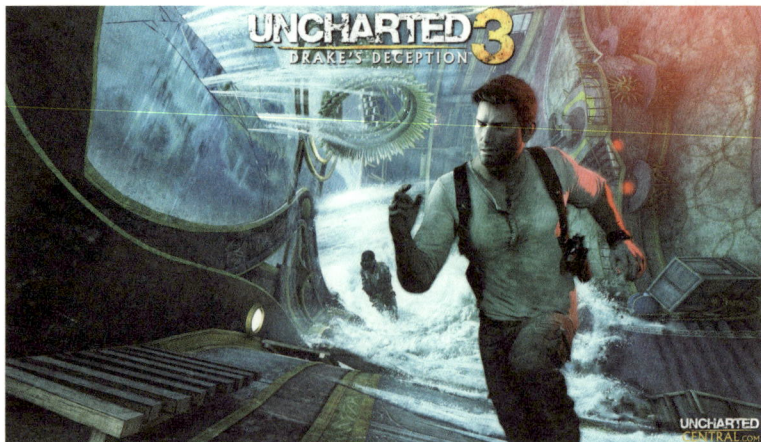

图4-12 《神秘海域》系列

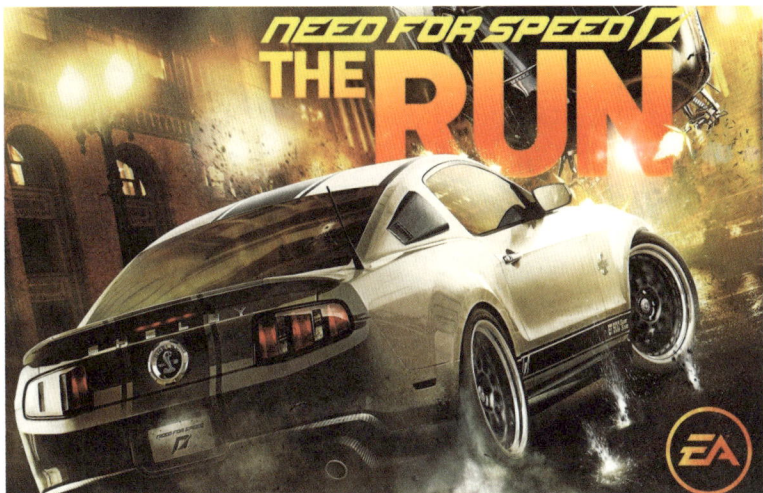

图4-13 《极品飞车》系列

4.4 设计的人文精神

4.4.1 人文精神的定义及历史背景

设计的人文精神是指在设计过程中关注人的文化、需求、情感和价值观的一种设计理念和态度。它强调以人为设计的核心，通过关注人的情感、体验和背景文化，为人们创作出具有深度和意义的设计作品。第一，人文精神在设计过程中强调人的需求和情感。设计师不仅要考虑产品或作品的功能性，更要关注用户的心理需求和情感体验，使设计能够产生共鸣和情感力。第二，人文精神要求我们尊重文化多样性，认可世界上不同文化之间的差异和多样性。在设计中，应尊重和融合不同文化的元素，避免对任何文化的片面化或刻板印象。第三，人文精神也强调情感和共情的重要性。设计作品应该能够触动人们的情感，激发人们的共情，让人们在使用和体验中感受到愉悦、舒适和意义。第四，设计也应该注重与环境的和谐，尊重自然，减少对环境的破坏，并关注人与环境之间的和谐关系。与此同时，鼓励设计师担起社会责任，通过设计传递正面的社会价值观，推动社会的进步和发展。总之，人文精神在设计中强调关注人的需求、情感和文化，以人为本，通过尊重多样性、关注环境和社会责任，传承与创新，创造出更有意义、更具深度的设计作品。这种设计理念不仅能够满足实际需求，还能够为社会和人类文明的发展带来积极的影响。

"设计的人文精神"这一理念的历史背景可以追溯到19世纪末和20世纪初的现代主义运动。在这个时期，工业革命带来了大规模的工业化生产和机械化生产方式，设计逐渐从手工工艺向工业化生产变革，这也引发了对设计的重新思考。

①现代主义运动：现代主义运动是19世纪末至20世纪初的一场跨学科的文化运动，它涵盖了绘画、建筑、设计、文学、哲学等领域。现代主义运动强调抛弃传统束缚，追求功能性、简约性。在设计领域，现代主义设计强调以功能为导向，追求简洁、纯粹的形式，强调形式与功能的一致性。然而，随着现代主义运动的发展，一些设计师开始反思现代主义的机械化和冷漠，认识到设计不仅仅是为了实现功能，还要关注人们的需求和情感。

②艺术与手工艺复兴运动：起源于19世纪初，持续到20世纪初，一场名为"艺术与手工艺复兴运动"的文化运动兴起，捍卫传统的手工艺，追求人文精神和个性化。手工工艺与现代设计相结合，注重以人为本，关注设计与人的关系。

③包豪斯学派：包豪斯学派是20世纪最具影响力的设计学派之一，成立于1919年的德国魏玛。包豪斯学派主张将艺术与工艺相结合，注重功能性和实用性。然而，包豪斯学派在设计中也体现了人文主义的精神，关注人们的需求和情感，认为设计服务于人类的生活。

④人文主义的复兴：在20世纪中叶，人文主义思想再次受到重视。这个时期，人们开始反思现代主义的冷漠和机械性，并重新赋予人文主义以价值。在设计领域，设计师开始强调人文主义的重要性，将人的主体性置于设计的核心位置，关注人的需求、情感和文化背景。

⑤后现代主义运动：20世纪后半叶，后现代主义运动的兴起，强调反对现代主义的规范性和统一性，鼓励多样性和个性化。在设计领域，后现代主义设计也强调人的主体性和个性化，注重情感和情感体验，强调设计与用户之间的共鸣。

"设计的人文精神"这一理念的历史背景与现代主义运动、艺术与手工艺复兴运动紧密相关，它是对传统机械化设计的思考和回应，强调设计应该关注人们的需求、情感。这一理念在20世纪中现代化逐渐成熟，并在当代设计中得到广泛应用。

4.4.2 人文精神的应用

有许多学者在设计领域强调人文精神，关注人的需求、情感和文化，将人放在设计的核心位置，例如大卫·凯利（David Kelley），他是美国设计师和IDEO公司的创始人之一。他在设计中强调人的主体性和创造力，鼓励设计师关注用户的需求和体验，采用以人为中心的设计方法来解决实际问题。他十分注重人本教育，大卫·凯利是斯坦福大学设计学院（D.School）的创始人之一，他在教育中应用人文精神。D.School采用以学生为中心的教学方法，鼓励学生在解决问题和创作过程中发挥创造力和个性，并与用户进行密切合作。通过这种教学方式，学生能够培养出更多的人文关怀和创新的设计思维。此外，他还将人文精神应用于IDEO公司的设计方法中，IDEO公司是一家国际知名的创新和设计咨询公司。IDEO的设计方法强调用户研究和用户参与，设计师与用户共同探索问题和解决方案。IDEO的设计过程注重关心用户需求，关注人的体验和情感共鸣，以及关注持续性和社会责任。这些特点使得IDEO的设计作品充满了人文关怀和创造力。他还在德国哈索普拉特纳学院推广了设计思维方法。这种方法强调以人为本，将用户需求和情感放在设计的核心位置。学院的设计教育注重学生的创造力和实践能力的培养，使学生能够运用设计思维解决现实问题，并为社会带来积极的变革。他通过教育培养出具有创造力和人文关怀的设计师，并在IDEO公司的设计过程中实践人文精神，使得设计更加关注用户需求、情感和体验，创作出具有人文价值的设计作品。

在当代设计实践中，人文精神得到广泛的应用，设计师注重将人放在设计的核心位置，关注用户的需求、情感和文化背景。例如，华为智能手环作为华为公司精心打造的可穿戴设备，其设计处处彰显人文关怀，从用户研究与体验、情感共鸣、用户操作界面设计到可持续设计，全方位展现了对用户需求和体验的深度洞察（图4-14）。

图4-14　华为智能手环10

（1）用户研究与体验

在华为智能手环的开发过程中，华为团队投入了大量精力进行用户研究，以确保产品能够精准满足用户的期望并提供卓越的体验。通过与潜在用户的深入交流，华为团队深入了解了用户对手环的期望、需求以及使用习惯，从而为产品的功能和设计指明了方向。例如，团队发现许多用户希望手环能够提供更精准的健康监测功能，同时也希望手环的设计更加时尚和个性化。基于这些反馈，华为在智能手环中加入了多种健康监测功能，如心率监测、睡眠监测、血氧监测等，并提供了多种表带颜色和材质选择，满足不同用户的个性化需求。

此外，华为还开展了多轮严格的可用性测试，邀请用户提前试用手环的原型机，并积极收集他们的反馈意见，以便及时发现产品潜在的问题并加以改进，确保产品的易用性和便捷性。在测试过程中，用户对一些功能的操作流程提出了改进建议，华为团队据此对手环的操作界面进行了优化，使用户能够更加直观地使用各项功能。

同时，华为团队还借助数据分析工具，深入剖析用户的行为模式和使用习惯，从而对产品的功能和界面设计进行持续优化。例如，通过分析用户在不同时间段使用手环的频率和功能偏好，华为优化了手环的睡眠监测算法，使其能够更准确地记录用户的睡眠状态，并提供更有针对性的睡眠建议。

华为还积极倡导用户参与产品设计，广泛征求用户的意见和建议，与用户携手打造更贴合他们需求的产品。通过线上社区和线下活动，华为与用户保持密切互动，及时了解用户的需求和期望，并将这些反馈融入产品的迭代更新中。

（2）情感共鸣

华为智能手环凭借其独特的设计和丰富的功能，成功吸引了用户，并与之建立起深厚的情感联系。例如，华为智能手环提供了多样化的表带风格和个性化的设置选项，用户可以根据自己的喜好和情感偏好自由选择，使手环成为彰显个性的时尚配饰。这种个性化的设计不仅满足了用户对外观的需求，还让用户在使用过程中感受到手环与自己个性的契合，从而增强了用户对产品的认同感和归属感。

此外，手环还配备了诸多实用的健康监测功能，如心率监测、睡眠监测等，用户可以依据自身情况设定个人健康目标，并积极参与各类活动挑战，这些功能不仅帮助用户更好地关注自身健康，还激发了他们积极参与运动的热情。当用户达成目标或取得成就时，手环会通过振动和奖励等互动方式给予用户及时的反馈，进一步增强了用户与手环之间的情感互动。例如，用户在完成一天的运动目标后，手环会发出温馨的提示音并显示鼓励的话语，这种积极的反馈让用户感受到手环对他们的关心和支持，从而增强了用户对产品的喜爱和依赖。

除此之外，华为智能手环还具备消息提醒和社交互动功能，用户能够借助手环及时获取重要信息，并与亲朋好友保持紧密联系，从而进一步加深了用户与手环之间的情感纽带。例如，用户可以通过手环接收手机上的消息提醒，及时回复亲友的信息，这种便捷的社交互动功能让用户在忙碌的生活中也能保持与外界的紧密联系，进一步增强了用户对产品的依赖和情感认同。

（3）用户操作界面设计

华为智能手环的界面设计简洁直观，用户仅需通过简单的触摸、滑动等手势操作，即可轻松完成各种功能的切换与使用，极大地提升了使用的便捷性。整个设计过程始终以提供愉悦且便捷的用户体验为核心目标，图标和排版设计均采用了简洁明了的设计风格，确保用户能够迅速识别并理解各个功能模块。例如，手环的主界面以简洁的矩形表盘设计为主，用户可以通过简单的滑动操作快速切换到不同的功能页面，如健康监测、运动模式、消息提醒等，这种直观的操作方式让用户能够轻松上手并流畅地使用手环的各项功能。

此外，华为智能手环还搭载了智能语音助手，用户可以通过语音指令与手环进行高效交互，这种自然流畅的交互方式让用户与手环之间的沟通更加人性化，显著增强了用户对手环的亲近感。例如，用户可以通过语音指令查询天气、设置闹钟、播放音乐等，这种便捷的语音交互功能让用户在使用过程中感受到手环的智能和便捷，进一步提升了用户的使用体验。

手环还涵盖了多种运动模式和健康监测功能，用户只需进行简单的操作，即可轻松切换不同模式，实时查看运动数据和健康指标，进一步优化了用户的使用体验。例如，用户在进行跑步运动时，只需在手环上选择"跑步"模式，手环即可自动记录跑步的距离、速度、消耗的卡路里等数据，并在运动结束后生成详细的运动报告，帮助用户更好地了解自己的运动状态，从而进一步优化了用户的使用体验。

（4）可持续设计

华为智能手环的可持续设计理念充分体现了人文精神，对环境和社会的影响给予了高度关注。在手环的设计选材上，华为优先选择了可循环利用的材料，如铝合金机身，这种材料不仅具有良好的耐用性和质感，还是一种可回收材料，其使用有助于减少对自然资源的开采。此外，华为在手环的表带设计中也采用了亲肤氟橡胶材料，这种材料不仅佩戴舒适，还具有良好的耐用性和环保性，而华为自研的生态友好塑料等也在系列产品上有所使用。

同时，华为智能手环还采用了先进的节能技术，例如低功耗显示屏，有效降低了电能消耗，在延长产品使用时间的同时，也为环保事业贡献了一份力量。此外，华为在产品的耐用性和可维修性方面也下足了功夫，选用优质材料并运用精湛的工艺，确保手环具备出色的耐用性。华为还为用户提供完善的维修服务和充足的零部件供应，积极鼓励用户对产品进行维修和保养，从而延长产品的使用寿命，减少电子垃圾的产生。

不仅如此，华为智能手环还配备了多种健康监测功能，旨在鼓励用户关注自身健康并积极践行可持续的生活方式。通过这些功能，用户可以更好地了解自己的健康状况，从而采取更加健康的生活方式，减少对医疗资源的依赖，这也是可持续发展的重要体现。

综上所述，华为智能手环在设计过程中充分融入了人文精神，将用户需求、情感共鸣、操作界面设计和可持续设计等要素有机结合，为用户打造了一款兼具实用性和情感价值的高品质可穿戴设备。

第 5 章

产品设计与
商业的融合
创新

5

5.1 信息时代的商业逻辑

随着科技的发展和互联网的普及，商业环境发生了翻天覆地的变化。传统的商业模式面临着巨大的挑战和阻碍，而新兴的商业模式仍正在不断涌现和变革。信息技术的快速发展，打破了传统商业的局限，企业不再局限于传统的渠道和销售方式，而是拥有更加广泛的选择。与此同时，互联网带来的便利和高效使消费者的依赖度越来越高，而消费者的信息和数据也因此变得异常重要。

信息时代商业模式的演变是必然的趋势，越来越多的企业开始采用创新的商业模式来适应信息时代的挑战。例如，共享经济模式、O2O模式、定制化模式等，这些模式都在不断地推动着商业的发展和进步。在这样的背景下，企业需要具备敏锐的洞察力和创新精神，以适应信息时代商业的变革和不断的挑战。

5.1.1 信息时代商业逻辑的特点

信息时代的兴起引发了商业领域的深刻变革，传统商业模式和思维方式不再适应快速发展的市场环境。下文我们将探讨信息时代商业逻辑的特点，包括网络效应、平台经济和用户生成内容（UGC）。这些特点对商业运营产生了巨大影响，重新定义了市场竞争和商业模式。

（1）网络效应：共创价值的力量

网络效应是信息时代商业逻辑的核心特点之一。简而言之，网络效应是指随着用户规模的增加，产品或服务的价值不断提升。一个典型的例子是微信。随着越来越多的人使用这一社交平台，其价值也相应增加。用户之间的互动和连接使得平台上的信息、内容和功能变得更加丰富和有吸引力。这种正向反馈效应进一步吸引了更多的用户加入，形成了良性循环。

微信作为中国最具影响力的社交媒体平台之一，充分利用网络效应实现了巨大的商业成功。通过用户互动和连接、社交关系的拓展、多功能的生态系统、企业和品牌的参与以及开放的应用接口等方式，微信不仅提供了即时通信功能，还融合了支付、购物、游戏、公众号和小程序等多种功能，形成了一个庞大的用户群体和活跃的社交网络。随着更多人加入微信，用户之间的互动和连接不断增强，社交关系得到拓展，进一步强化了网络效应。企业和品牌通过微信的开放平台与用户建立联系和互动，发布内容、提供优惠和服务，推动了商业合作的增加。同时，微信开放应用接口（API）为第三方开发者提供了创造应用程序的机会，丰富了平台的功能和内容，见图 5-1。这种多功能的生态系统和第三方开发者的参与进一步推动了网络效应的增强。微信凭借其强大的用户基础和影响力，成为一个广阔的商业舞台，为企业和用户创造了丰富的商业机会和互

图 5-1　微信网络生态

动平台。其商业成功正是建立在网络效应的形成和持续发展之上，彰显了信息时代商业逻辑的突出特点。

网络效应的特点不仅包括社交媒体，还涵盖了许多其他领域。例如，共享经济平台如爱彼迎（Airbnb）和优步（Uber），通过连接服务提供者和消费者，改变了传统酒店和出租车行业的商业模式。随着更多人参与其中，这些平台提供的服务也变得更加丰富和多样化。用户越多，平台的价值就越高，吸引了更多服务提供者和消费者加入，从而形成了规模经济效应。网络效应的成功与用户参与密切相关，因此企业需要注重用户体验、用户互动和持续创新，以实现更强大的网络效应。

（2）平台经济：连接服务与需求的关键

在信息时代，平台经济成为商业模式的一个重要方向。平台经济通过连接服务提供者和消费者，提供了便捷的交易和互动渠道。这种模式的典型代表是共享经济平台，如爱彼迎和优步。这些平台提供了一个市场，让人们可以共享和交换资源，改变了传统行业的运作方式。

爱彼迎是典型的共享经济平台，巧妙地利用平台经济实现了商业模式的成功，商业画布见图 5-2。它通过连接房主和旅行者，创造了一个交易的平台，打破了传统酒店行业的垄断。房主可以将自己的空闲房屋或空间出租给旅行者，旅行者则可以根据自己的需求选择合适的住宿。这种去中心化的交易模式降低了传统酒店行业的门槛，并为房主和旅行者提供了更多的选择和灵活性。

平台模式促进了创新和竞争。通过在平台上注册和发布房源信息，房主能够获得更大的曝光和机会，吸引更多的旅行者选择他们的住宿。同时，旅行者也能够根据自己的需求和预算选择合适的房源。这种平台经济模式为个人房主和小型业主提供了参与住宿行业的机会，推动了市场的多元化和创新的发展。

平台模式也带来了规模经济效应。随着越来越多的房主和旅行者加入爱彼迎平台，可供选择的房源数量增加，吸引了更多的旅行者使用该平台。这种正向循环进一步促进

了平台的发展，吸引了更多的房主和旅行者加入，形成了规模经济效应。这使爱彼迎在市场竞争中具备了更强大的优势，并进一步推动了平台经济的发展。

爱彼迎的成功不仅仅在于提供住宿服务，更在于通过平台经济模式改变了人们的旅行方式和观念。它为房主提供了额外的收入来源，让旅行者可以更加灵活地选择合适的住宿。同时，它也带来了更多的文化交流和互动，让人们有机会深入了解当地的生活方式和文化。

关键业务 KA	关键合作 KP	价值主张 VP	客户关系 CR	客户细分 CS
最主要的是：营销，社区运营和产品开发	• 与世界各地的社群合作 • 酒店预订平台 • 航空公司 • 投资人 • 摄影师	• 风险抑制因素：有图有真相+实名制+审查评级 • 便利性/可达性因素：快速预定+房主直接联系 • 便利性/可达性因素：快速预定+房主直接联系 • 价格因素：价格低廉	• 与出租者的关系：经营出租社群 • 与租客的关系：提供安全的客户体验	出租方 • 有空房间，想赚钱的人 • 想结交新朋友的人 租用方 • 旅行度假者 • 商务旅行者

成本结构 CS	收入来源 RS
• 技术：包括顶级程序员的成本，以及服务器空间和他们许可的许多软件 • 营销：包括付费广告和公关，他们在世界各地的大市场 • 销售：包括他们在所有大市场中的维护国家经理及其团队	以佣金为主 • 向房东收取3%交易费 • 向住客收取服务费6%—12%

图5-2 爱彼迎的商业画布

平台经济的特点在于打破了传统中介和垄断，使得更多人可以成为服务提供者，从而促进了创新和竞争。以爱彼迎为例，任何人都可以将自己的房屋出租给旅行者，同时旅行者也可以根据自己的需求选择合适的住宿。这种去中心化的交易模式带来了更多的选择和灵活性，同时降低了成本和价格。类似的例子还有优步，它连接了乘客和司机，提供了便捷的出行服务。平台经济的崛起打破了传统产业的壁垒，使得更多人有机会参与经济活动，创造更多的价值。

（3）用户生成内容（UGC）：共建知识与信息的时代

信息时代的另一个重要特点是用户生成内容（UGC）。UGC是指用户通过互联网平台主动创造和分享内容。例如，维基百科和豆瓣就是依靠用户提供内容来建立庞大的信息库。UGC的兴起使得知识和信息的共享变得更加广泛和多样化，打破了传统媒体的信息垄断。

豆瓣作为一个以图书、电影、音乐等文化产品为主题的社区平台，巧妙地利用UGC

实现了其商业模式的独特性和商业价值。通过UGC机制，豆瓣实现了用户的知识共建，使得平台成为一个集众多用户智慧和经验的大型信息库。用户可以通过评论、评分和推荐等方式参与内容创作，为其他用户提供丰富的读者反馈和选择参考。同时，UGC带来了个人化和多样化的观点，使得豆瓣成为一个充满活力和独特性的文化社区。此外，UGC也促进了群体智慧和协作创作，在豆瓣平台上，用户可以共同协作创造内容，相互交流和学习。这种群体智慧和协作创作的模式推动了知识和文化的传播和创新。最重要的是，UGC为豆瓣带来了巨大的商业价值，通过用户生成的内容，豆瓣构建了一个庞大的文化信息库，吸引了大量的用户和访问量。这为豆瓣平台带来了广告和推广的商业机会，同时也为豆瓣提供了了解用户需求和市场趋势的重要数据，为平台的商业决策提供了依据。

豆瓣成功地利用UGC机制实现了知识共建、个人化观点、群体智慧和商业价值的融合。通过用户生成内容，豆瓣实现了用户参与和互动，丰富了平台的内容和体验，为用户提供了独特的文化交流和参考。同时，UGC也为品牌和商家提供了广告和推广的商业机会，促进了豆瓣的商业发展。豆瓣作为一个充满活力、独特性和商业潜力的文化社区平台，不断吸引着更多的用户加入和参与，为用户和商家创造了共赢的机会。

UGC的特点在于民众的参与和互动，使得信息的传播更具有广度和深度。相比传统媒体，UGC可以提供更多个人化和多样化的观点和经验，满足用户对信息的个性化需求。同时，UGC还激发了群体智慧和协作创作的力量。通过开放平台，人们可以共同协作创造内容，相互交流和学习。UGC的崛起使得每个人都有机会成为信息的创造者和传播者，推动了知识和信息的共建时代。

网络效应通过共创价值的力量，使得产品或服务的价值随着用户规模的增加而不断提升。平台经济通过连接服务提供者和消费者，改变了传统行业的商业模式，促进了创新和竞争。UGC的兴起使得知识和信息的共享更广泛和多样化，推动了信息共建的时代。这些特点共同塑造了信息时代商业运作的新形态，挑战着传统商业模式，为创新和商业的融合提供了巨大的机遇。随着信息时代的不断发展，商业界需要不断适应和把握这些特点，以实现商业成功。

5.1.2　新商业模式对产品设计的影响

（1）用户黏性的秘密：新商业模式如何塑造产品

新商业模式对产品设计产生了深远的影响，尤其在创建和维持用户黏性方面。产品设计不仅关注功能和美学，还需注重用户体验和满足需求。下文以微信的红包功能为例（图5-3），探讨设计如何通过吸引力和互动性使用户更愿意持续使用产品。

图5-3　微信红包功能初期上线界面

微信的红包功能成功体现了设计的力量。它将传统的红包文化与现代社交媒体相结合，设计了便捷有趣的红包功能，激发用户的参与和好奇心。通过发送和接收红包，用户分享喜气之时，增进了彼此的情感联系。这种设计创造了用户间的互动和社交体验，培养了用户的黏性。传统红包一直被视为一种象征祝福和分享的方式，通常在特殊场合使用。微信的红包功能将这一传统概念引入了社交媒体平台，并赋予了新的互动性和便利性。通过微信红包，用户可以在特殊时刻向朋友、家人和同事发送祝福和礼物，拉近了彼此之间的情感联系。

微信红包的设计不仅是一个简单的转账功能，而且创造了一种互动和社交的体验。用户发送红包时，其他用户可以通过抢红包的方式参与其中，增加了竞争力和趣味性。这种互动模式激发了用户之间的交流和分享，形成了一个共同参与的社区氛围。同时，微信红包的随机性和即时性也增加了用户的期待和兴奋感，进一步提升了用户的参与度和持续使用意愿。微信红包的成功还得益于其便捷的使用方式和智能化的设计。用户可以在微信聊天窗口中直接发送红包，无须烦琐的操作步骤。红包金额的随机分配和个性化设置也增加了趣味性和个性化体验。用户可以根据自己的喜好和情况设置红包金额范围，增加了用户的自主性和参与感。这种成功的设计不仅满足了用户的情感需求，还为微信平台带来了积极的商业影响。微信红包激发了用户在特定时刻的互动和使用，为微信平台带来了大量的用户流量和参与度。这为微信提供了广告、品牌推广和商业合作的机会，进一步推动了微信作为社交媒体平台的商业发展。

（2）用户生成内容的力量：新商业的产品设计策略

UGC已经成为当今数字时代的重要现象，为品牌和平台带来了巨大的商业机会。通过巧妙设计的产品和功能，如抖音（TikTok）的短视频创作工具和故事功能，企业可以鼓励用户主动创作、分享和参与内容，释放出用户生成内容的强大力量，其算法逻辑如图5-4所示。

图5-4　抖音算法逻辑

①提供简洁而有创意的创作工具。通过简洁、直观且易用的创作工具，如抖音的视频滤镜、特效和编辑功能，设计激发用户的创造力。这些工具不仅让用户能够轻松创作出独特且富有创意的内容，还提供了丰富的选项和自定义设置，使用户能够个性化和美化自己的作品。

②社交互动和用户参与。设计通过评论、点赞、分享和回复等功能，促进用户之间的社交互动和参与。这种互动不仅增加了用户与内容的联系，也鼓励用户更多地参与到创作和分享中。抖音的实时创作者与观众互动，使用户能够与其他用户建立更紧密的关系，并促进内容的创作、共享和互动。

③个性化推荐和发现机制。通过智能算法和个性化推荐系统，设计可以根据用户的兴趣、喜好和行为，为其推荐相关的用户生成内容。这种个性化的推荐机制有助于用户发现新的创作灵感、关注感兴趣的内容创作者，并更好地参与UGC的生态系统。抖音充分利用了这一机制，通过推荐热门视频、关注的用户和相关标签，为用户提供个性化的内容发现体验。

④内容展示和分享的优化。设计通过提供优质的内容展示和分享功能，鼓励用户将自己的创作分享给更广泛的受众。例如，抖音通过自动播放和滑动浏览的方式，吸引用户观看更多内容。这些设计优化了内容的展示效果，提升了用户的参与度和UGC的影响力。

设计在促进用户生成内容方面发挥着重要作用。通过提供简洁而创意的创作工具、鼓励社交互动和用户参与、个性化推荐和发现机制，以及优化内容展示和分享功能，抖音成功地激发了用户的创造力和分享欲望，释放了用户生成内容的强大力量。这些策略不仅提升了用户的参与度和黏性，也为品牌和平台带来了巨大的商业机会。未来，随着

图5-5 领英App

技术的不断发展和用户需求的变化，更多创新的设计策略将进一步推动用户生成内容的发展和创新。

（3）融入新商业模式：网络效应、长尾理论和平台经济对产品设计的影响

① 网络效应是指随着用户数量的增加，产品或服务的价值也相应地增加。

领英（图5-5）作为一个专注于职业领域的社交平台，在帮助用户建立和拓展职业人脉方面发挥着关键作用。随着用户数量的增加，人脉网络不断扩大，进而加强了平台的网络效应。用户的加入不仅增加了平台的规模，还为其他用户提供了更多连接和合作的机会。这种连接和合作在职场上具有重要意义，有助于个人职业发展和商业合作。

网络效应对领英的产品设计产生了重要影响。通过设计丰富的人脉功能，如好友连接、推荐关系和专业群组，领英激发了用户与其他用户之间的互动和合作。这种设计不仅加强了用户对平台的依赖和参与度，还促进了用户间的信息交流和知识共享。此外，领英还通过优化个人资料和推荐算法，提供了个人和企业品牌展示的功能，帮助用户更好地展示自己的专业能力和经验，增加了用户在职场中的影响力和竞争力。

领英的人脉网络为商业机会提供了平台。设计师们可以利用这一网络效应，为企业提供定向广告、招聘服务、培训课程等商业解决方案。通过深入了解用户的职业背景和兴趣，设计师们能够更准确地将相关的商业机会和资源推荐给用户，提高商业合作的效率和质量。这种商业机会的开发不仅为领英平台带来了收入，也为用户提供了更多的职业发展和合作机会。

通过领英的人脉网络，我们可以深化理解网络效应在产品设计中的影响和应用。领英通过设计丰富的人脉功能、个人展示和商业解决方案，加强了用户间的连接和合作，提升了平台的价值和影响力。这一案例显示了网络效应在产品设计中的重要性，为其他企业和平台提供了启示。通过深入理解和应用网络效应，优化产品设计，我们可以增强用户的参与度和用户间的互动，从而提升产品的竞争力和用户体验。

② 长尾理论是市场销售中的重要概念，它指出在销售产品或服务中，除了少数热

门畅销的产品（头部产品）外，还存在大量低销量的特定产品（长尾产品）。

亚马逊（图5-6）作为全球最大的电子商务平台之一，充分应用了长尾理论来扩展其产品销售范围。亚马逊的产品库存非常庞大，涵盖了从畅销图书、电子产品到小众兴趣爱好的各种产品。这一丰富的产品选择满足了用户的多样化需求，同时也为亚马逊创造了更广阔的销售机会。虽然单个长尾产品的销售量相对较小，但由于长尾市场的规模庞大，亚马逊能够通过累积这些少量销售来实现利润的最大化。此外，亚马逊通过强大的物流和配送系统，能够提供快速的订单处理和可靠的配送服务，为消费者提供便利和可靠性，进一步促进长尾产品的销售。

在亚马逊的销售策略中，长尾产品的销售并不是单纯依赖于用户主动搜索，而是通过亚马逊的推荐系统进行引导。亚马逊的推荐算法基于用户的浏览历史、购买行为和个人偏好，为用户提供个性化的产品推荐。这种个性化推荐系统使得用户能够发现和购买他们可能没有主动搜索到的长尾产品。通过推荐系统的精准匹配，亚马逊成功地将长尾产品引导到用户的视野中，进一步提高了这些产品的销售和利润。

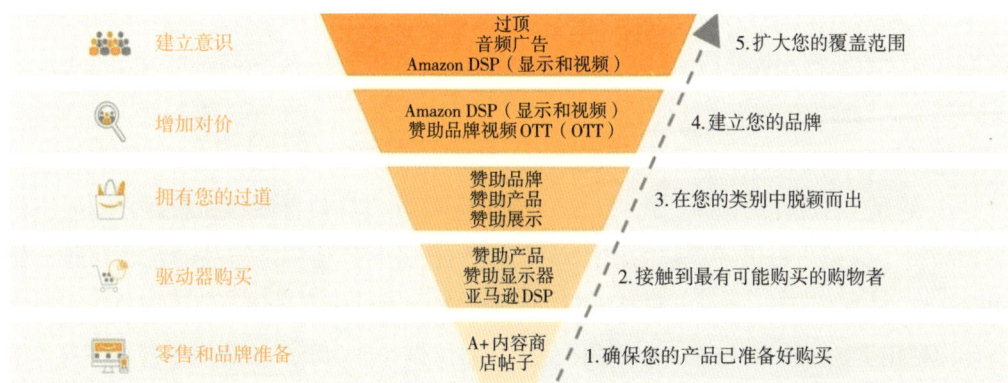

图5-6　亚马逊产品逻辑

亚马逊还为卖家提供了开放的市场平台，使得小规模生产商和个人创业者有机会将自己的产品推向市场。亚马逊的市场模式为长尾产品的销售创造了更广阔的机会。卖家可以通过亚马逊的平台，利用其强大的销售渠道和品牌影响力，将长尾产品推广给全球范围内的消费者。这为小型企业和创业者提供了更多的销售机会，并帮助他们在竞争激烈的市场中获得更大的曝光和利润。

在亚马逊的商业模式中，长尾产品的销售对于企业的利润最大化至关重要。通过优化的搜索和推荐系统、提供可靠的物流和配送服务，以及开放的市场平台，亚马逊成功地实现了头部产品和长尾产品的销售平衡，提高了销售和用户参与度。亚马逊的成功经验证明，通过深入了解长尾市场的潜力和利润机会，并通过合适的销售策略和支持措施，企业能够最大化长尾产品的销售和利润，实现商业的长期可持续发展。

③平台经济是一种基于互联网和数字技术的商业模式，通过建立和管理开放平台，连接服务提供者和消费者，从而促进交易和创造价值。

微软的Windows平台作为一个开放的操作系统平台，为开发者提供了广泛的软件和应用开发环境。这种开放性激发了开发者的创造力和创新能力，使他们能够通过创建各种功能丰富、多样化的应用来丰富Windows平台的生态系统。例如，开发者可以设计各类生产力工具、创意软件、娱乐应用等，满足用户不同领域的需求。Windows平台为用户提供了更多选择，并促进了软件和应用的竞争，推动产品设计的进步。同时，Windows平台通过优化的搜索和推荐系统，帮助用户发现并享受长尾产品，进一步促进了产品设计的创新。

苹果公司的iOS平台也是成功典范之一。iOS平台通过App Store为开发者提供了一个统一的应用分发渠道，同时提供了开发工具和资源，使他们能够创造高质量、创新的应用程序。苹果公司注重用户体验和安全性，在iOS平台上提供了设计准则和规范，确保应用在iOS设备上具有良好的表现。这种统一性和规范性推动了开发者关注产品的界面设计、用户体验和性能优化，进一步推动了产品设计的创新和提升。通过App Store的推广和分发机制，优质的应用能够获得更多用户的关注和下载，同时也为开发者带来更大的商业机会。

苹果公司通过整合硬件和软件的设计，构建了独特的iOS设备生态系统（图5-7），进一步推动产品设计的创新。这一生态系统的一体化设计使得硬件和软件之间的协作更加紧密，为用户提供了卓越的使用体验。iOS设备与其他苹果产品的互联互通，如iPhone与Apple Watch、Mac电脑等的配对，构建了无缝的生态系统，使得用户在不同设备间的使用更加便捷和一致。这种整体的生态系统设计推动了产品的创新，并提升了用户的满意度和黏性。

图5-7　苹果生态系统

微软的 Windows 平台和苹果的 iOS 平台作为平台经济的代表，以其开放性、统一性和整合性，推动了产品设计的创新。这些平台为开发者提供了创造力发挥的空间，为用户提供了更多的选择和便利，同时也为企业带来了商业机会和竞争优势。平台经济的发展不仅在产品设计领域推动了创新，还在整个数字经济中发挥着重要作用。

在信息时代，产品设计的重心已从仅关注产品本身的质量转变为更加注重用户体验和互动。随着互联网的普及和数字技术的发展，用户对产品的期望和需求也发生了显著变化。如今，成功的产品设计需要将用户放在核心地位，深入了解他们的喜好、行为和需求，以提供个性化、无缝和愉悦的体验。

网络效应和平台经济成为推动产品设计创新的重要动力。网络效应是指随着用户数量的增加，产品的价值和吸引力也随之增加。当更多的用户参与使用产品，形成庞大的用户群体时，产品的网络效应得以发挥。例如，微信的红包功能通过鼓励用户的参与和分享来增强产品的用户黏性。用户之间的互动和社交体验不仅增加了产品的价值，也促进了用户的持续使用和忠诚度。

平台经济则通过构建开放的平台，连接服务提供者和消费者，促进交易和创造价值。亚马逊和网飞（Netflix）是平台经济的典型代表。亚马逊通过开放的市场平台，为小型生产商和个人创业者提供了销售产品的机会。而网飞通过统一的应用分发渠道和个性化推荐系统，为用户提供了丰富的内容选择。平台经济的成功在于打破传统商业模式的限制，创造更广阔的商业机会，并为用户提供个性化和多样化的体验。

展望未来，新技术的发展将进一步影响产品设计和商业模式。5G、人工智能（AI）和区块链等技术的应用将推动产品设计的创新。5G 技术的广泛应用将带来更快速、低延迟的网络连接，从而提升产品的交互体验和响应速度。AI 技术的发展将使产品具备更智能的功能和个性化的交互体验。产品能够更好地理解用户的需求，提供个性化的推荐和服务。区块链技术的应用则可以增强产品的安全性和透明度，为用户提供更可靠的数据保护和交易保障。这些新技术将促使产品设计更加注重创新、个性化和用户参与度。产品将更加智能化，能够与用户进行更深入的互动，并根据用户的反馈和行为提供定制化的体验。同时，产品设计也将更加注重安全性和隐私保护，以应对日益增长的网络威胁和数据泄露风险。

5.2　产品设计的商业全链条匹配

在当今竞争激烈的商业环境中，产品设计不再是简单的追求美学和功能性的过程，而是涉及整个产品生命周期的各个阶段，从生产、销售到使用和废弃。产品设计与商业运营紧密相连，相互影响，共同塑造了产品的商业价值和市场竞争力。一个成功的产品不仅需要具备出色的设计，还需要在商业全链条中与其他环节高度匹配，以实现商业目标和用户需求的完美结合。

传统上，产品设计被视为外观和功能的设计，以满足用户的个人喜好和需求。然而，如今的市场对产品的要求已经超越了外表和功能，更注重产品的商业性和商业模式的创新。产品设计需要与企业的战略目标相契合，与市场需求紧密匹配。它需要考虑到供应链的可行性和效率，市场的竞争情况，以及用户的心理和行为特征。只有将设计与商业全链条紧密结合，产品才能在市场中脱颖而出，取得商业成功。

产品设计的商业全链条匹配涵盖了多个方面。设计需要与生产过程相匹配，考虑到生产成本、工艺技术和材料选择等因素。一个精美的设计如果在生产过程中无法实现或成本过高，将难以实现商业可行性。设计需要与销售和市场推广策略相协调。产品的外观和功能应能吸引目标客户群体，并与市场需求紧密契合。用户体验和品牌价值也需要在设计中得到充分体现，以提高产品的市场竞争力。此外，设计还需要考虑到产品的使用和废弃阶段，如产品的易用性、可维护性和可持续发展等方面。通过关注产品生命周期的每个环节，设计能够为企业带来长期的商业价值和可持续发展。

5.2.1 产品设计与生产成本的匹配

在产品设计过程中，考虑生产成本至关重要。优化成本效益不仅可以帮助企业降低生产成本，提高利润率，还可以确保产品的竞争力和可持续性。选择合适的材料和制造技术是在设计过程中实现成本优化的关键步骤。

宜家品牌始终秉持"为大众创造更美好的日常生活"理念，采用价格导向设计，先设定产品价格，与能提供该价格体系的生产商合作完成产品设计的整个工艺流程，确保能够为广大消费者提供美观实用、功能齐全、价格低廉且环保可持续的家居解决方案。并且，宜家采用"模块化"的设计方法，标准化的接口和尺寸提高了各家具产品之间的通用性和互换性，同时不同模块可根据成本情况在不同地区进行生产，进一步实现成本控制需求。与供应商建立长期合作关系，可以获得更优惠的采购价格，并确保供应链的稳定性。这些措施帮助宜家在保持产品品质的同时降低了生产成本。

此外，宜家也注重产品材料的选择和制造技术方面的提升。优先选择环保再生材料，积极采用替代材料，在成本控制的同时实现产品生命周期的可持续性。例如，孔巴卡厨房柜门（图5-8）采用回收木材制成的刨花板和PET瓶制成的塑料薄膜，价格仅为实木贴皮柜门的三分之一，极具性价比。宜家在生产家具时采用了先进的制造技术，如复合注塑工艺和可拆解设计，这些技术可以优化材料使用，从而降低生产成本。

比亚迪作为国内知名的汽车制造商，在产品设计与生产成本的匹配方面展现了卓越的能力（图5-9）。在材料选择上，比亚迪在部分车型中采用了高强度铝合金车身框架，这种材料不仅具有良好的强度和耐腐蚀性，还能有效减轻车身重量，提升燃油效率和续航里程。然而，为了降低成本，比亚迪在一些非关键部件上采用了高强度塑料材料，如部分内饰件和车身覆盖件。这些塑料材料经过特殊处理，不仅具有良好的外观和触感，还大大降低了生产成本。

图5-8 宜家孔巴卡厨房柜门

图5-9 比亚迪海豹

在制造技术方面，比亚迪不断引入先进的自动化生产线和智能制造技术。例如，在电池生产环节，比亚迪采用了高度自动化的电池生产线，通过机器人操作和精密的检测设备，确保电池生产的高效率和高质量。这种自动化生产不仅减少了人工成本，还提高了生产的一致性和可靠性。此外，比亚迪还通过优化生产工艺，如采用一体化压铸技术，减少了零部件数量和生产工序，进一步降低了生产成本。

在供应链管理方面，比亚迪通过自建电池工厂和与供应商建立长期合作关系，确保了原材料的稳定供应和成本控制。通过大规模采购和长期合作，比亚迪能够获得更优惠的采购价格，同时通过自建工厂，掌握了核心零部件的生产和供应，进一步降低了生产成本。

小米手机以高性价比著称，其在产品设计与生产成本的匹配方面展现了诸多成功实践，成为行业内的典范（图5-10）。

在材料选择上，小米注重平衡品质与成本。例如，小米13系列采用了高强度铝合金中框，赋予了手机坚固耐用的特性与精致的金属质感。同时，部分机型的后盖采用了塑料材质，通过特殊的涂层工艺与表面处理技术，使其在视觉效果与手感上接近玻璃，

图5-10 小米13pro

大大降低了材料成本。此外，小米在内部组件选材上也极为讲究，如采用高性能的锂离子电池，确保续航能力的同时，通过优化封装技术与内部结构设计，降低了电池成本。

在制造技术方面，小米引入了先进的自动化生产线与智能制造技术。其工厂配备了高精度的自动化贴合设备，用于屏幕组装环节，确保屏幕与中框的完美贴合，提高生产效率并减少人为误差。同时，小米广泛应用大数据分析与人工智能技术，通过在生产线上安装大量传感器，实时收集生产数据并进行分析处理，及时发现并调整生产过程中的问题，进一步提升生产效率与产品质量。此外，小米还通过优化生产工艺，如采用集成化设计理念，将多个零部件功能集成到一个模块中，减少零部件数量与生产工序，降低生产成本，提升产品可靠性和稳定性。

在供应链管理方面，小米与供应商建立了长期稳定的合作关系，通过大规模采购与长期合作，获得更优惠的采购价格与稳定的原材料供应。例如，小米与高通等知名芯片制造商的合作，确保了芯片的稳定供应，并降低了采购成本。同时，小米通过自建工厂与优化物流体系，进一步降低成本。小米在印度等地建立生产基地，利用当地劳动力成本优势与政策优惠，降低生产成本，并通过优化物流体系，减少物流时间与成本，提高供应链效率。此外，小米注重可持续发展，在产品设计与生产过程中积极采用环保材料与节能技术，如小米 13 系列包装采用可回收环保材料，减少环境影响，符合环保要求的同时，提升了品牌形象，降低了长期成本。

小米手机通过在材料选择、制造技术与供应链管理等多方面的优化，成功实现了产品设计与生产成本的完美匹配，在保持产品高品质的同时，大幅降低了生产成本，为消费者提供了高性价比的产品，也为整个智能手机行业提供了宝贵的经验。

5.2.2　产品设计与销售策略的匹配

在当今竞争激烈的市场环境中，产品设计不仅仅是关于产品本身的外观和功能，还需要考虑与公司销售策略的匹配。有效的产品设计应该融入与销售策略相符的元素，以提高产品的市场认知度和销售量。这包括包装设计、品牌标识和其他视觉元素的运用。

图5-11　ANTA（安踏）标识

在产品设计与销售策略的匹配中，安踏作为国内领先的运动鞋品牌，以其卓越的产品设计展示了如何与销售策略相互融合，提高产品的市场认知度和销售量。安踏的成功一定程度上源于其独特而具有辨识度的品牌标识——"ANTA"标识，见图5-11。这一简洁而动感的设计成为安踏产品的重要标识，传达出运动、自我超越和动感的品牌形象。安踏巧妙地将这一标志融入产品设计中，以与其销售策略紧密相连。无论是在篮球鞋、跑鞋还是其他系列产品中，这一标志始终存在，并成为消费者识别安踏品牌的重要象征。

除了品牌标识，安踏在产品设计中也注重创新和性能。安踏不仅关注外观的美感，更注重产品的性能和实用性。安踏不断引入新材料、新技术和新设计元素，以满足运动爱好者对质量和功能的追求。无论是采用先进的缓震技术、透气材料还是个性化定制的设计，安踏始终致力于提供出色的运动体验，使用户在运动中获得更好的性能和舒适度。这与安踏的销售策略紧密相配，通过向消费者传递产品的价值和优势，提高产品的市场竞争力和销售量。此外，安踏还通过与明星代言人和体育赛事的合作，将产品与品牌形象紧密结合。通过与著名运动员的合作、赞助全球知名的体育赛事，安踏进一步增强了品牌的认知度和影响力。这种市场营销策略使安踏的产品与运动文化和潮流趋势紧密联系，进一步激发了消费者的购买欲望。

安踏鞋款的设计成功展示了如何将产品设计与销售策略相匹配，创造出独特而具有吸引力的产品。通过品牌标识、创新设计和与品牌形象紧密相连的市场营销手段，安踏在市场中取得了突出地位，提高了市场认知度和销售量。这种设计与销售策略的紧密匹配不仅体现了安踏作为国内领先品牌的成功实践，也为其他企业在产品设计中提供了启示和借鉴。通过深入了解目标市场需求、注重品牌形象和实现创新设计，企业可以实现产品设计与销售策略的有机结合，从而取得商业成功。

除了安踏，可口可乐作为全球知名的饮料品牌，也展示了如何将产品设计与销售策略相匹配，以提高市场认知度和销售量。

可口可乐的瓶身设计在其产品的成功营销中起到了重要作用。以经典的可口可乐玻璃瓶为例，其独特的曲线形状和标志性的红色标签成为品牌的标志。这种瓶身设计不仅具有艺术感和美观性，还通过与品牌形象的一致性，成功地建立了强烈的市场认知度和品牌忠诚度。无论是在超市货架上还是在餐厅冷柜中，可口可乐的瓶身设计都引人注目，与其销售策略中的情感共鸣和品牌传达紧密相连，见图5-12。此外，可口可乐还不断创新其包装设计，以满足消费者的不同需求。从小巧的个人饮料瓶到大型的家庭装瓶，可口可乐提供了多种规格和特殊系列的包装，以适应不同消费场景和市场需求。这种差异化的包装设计不仅增加了产品的选择性，也为可口可乐带来了更多的销售机会。

图5-12 美国工业设计师之父罗维（Loewy）1938年设计的可口可乐瓶身

除了包装设计，可口可乐在市场营销方面也采取了一系列策略来提高产品的市场认知度和销售量。通过与体育赛事、音乐和文化活动的合作，可口可乐成功地将产品与年轻人的生活方式和潮流文化紧密联系在一起。同时，可口可乐还利用明星代言人和广告宣传等手段，加强了产品在消费者心中的品牌形象和认知度。这种与销售策略相匹配的市场营销策略为可口可乐创造了更多的销售机会，并使其成为全球最受欢迎的饮料之一。

5.2.3　产品设计与市场定位的匹配

在产品设计中，反映出产品的市场定位是至关重要的。不同的产品定位需要通过设计来传达其特点和目标市场的需求。无论是奢侈品的精致设计，还是功能性产品的实用设计，设计都扮演着关键的角色，以传达产品的市场定位。

奢侈品的精致设计是追求高端品质和独特体验的核心。以路易威登（Louis Vuitton）的皮包为例，其设计展现了奢华与品位的完美结合。然而，路易威登不仅仅在产品设计上引领奢侈品行业的潮流，还通过独特的品牌策略和创新的市场推广展现了其在行业中的独特地位。

路易威登注重品牌的传承和历史价值。品牌起源于19世纪，至今仍保持对传统工艺和优质材料的承诺。这一承诺不仅是对品质的保证，也延续了品牌价值观。路易威登的设计师将经典元素与时尚趋势相结合，创造出独一无二的设计，赋予每款产品独特的魅力和高度的辨识度。

路易威登积极探索与艺术界和设计界的合作。品牌与知名艺术家、设计师以及艺术机构合作，推出了一系列限量版的皮包和配饰，见图5-13。这些合作不仅为路易威登注入了新的创意和灵感，还进一步巩固了品牌与艺术的紧密联系。这种与艺术界的合作为品牌赋予了更加独特的视觉语言和文化内涵，使其产品更具收藏价值和艺术性。

路易威登也积极拥抱数字化时代的创新。品牌利用社交媒体和在线平台与消费者进行互动，推出了多个数字化项目和虚拟体验，吸引年轻一代消费者的关注。通过与艺术家合作，品牌创造了虚拟现实的展览和购物体验，为消费者提供了全新的品牌接触和参与方式。这种数字化创新不仅扩大了品牌的影响力和市场覆盖面，也进一步增强了与年轻消费者的连接。

最重要的是，路易威登始终坚持品牌的核心价值观和可持续发展。品牌注重对环境和社会的责任，并采取了一系列可持续发展的措施。从材料的选择到生产过程的管理，路易威登致力于减少对环境的影响，并为工人提供公平和可持续的工作环境。这种可持续发展的倡议不仅与品牌的高端形象相符，还体现了品牌对社会责任的担当。

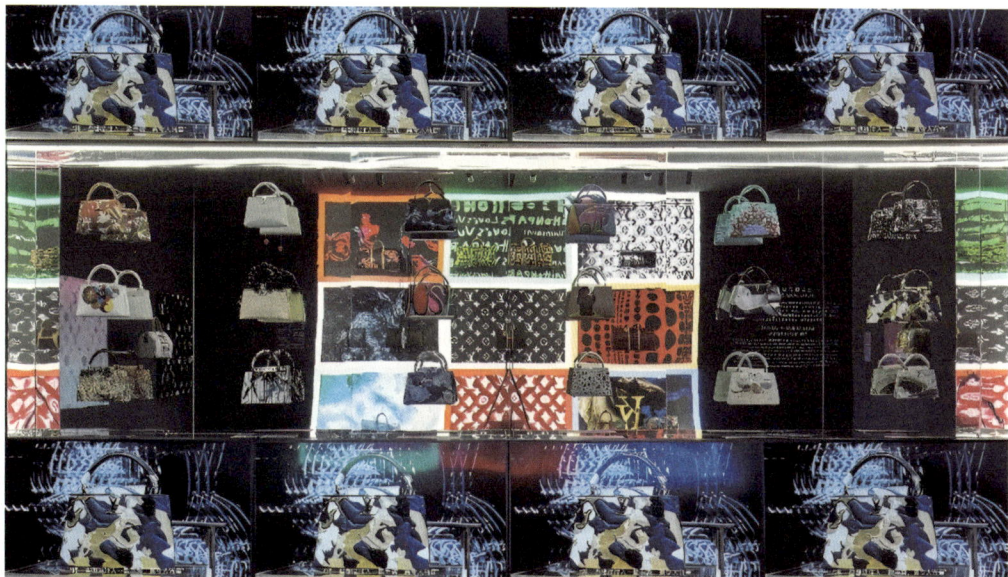

图 5-13　路易威登与艺术家联名的 Artycapucines 系列

与此相反，功能性产品的实用设计注重产品的实用性和用户体验。戴森（Dyson）的吸尘器就是一个典型的例子，见图 5-14。作为全球领先的家电品牌，戴森一直以其创新的吸尘器设计而闻名。戴森吸尘器的设计理念是提供高效而便捷的吸尘体验。品牌注重产品的实用性，不仅追求出色的吸尘效果，还注重用户的使用体验。戴森的吸尘器采用先进的气动技术和强大的吸力，能够彻底清除灰尘和污垢，让用户的清洁工作更加高效和轻松。

除了强大的吸力，戴森吸尘器还注重便捷的设计。例如，它采用了无线设计，消除了传统吸尘器使用中的束缚，用户可以自由移动，无须担心电线的限制。同时，戴森吸尘器还配备了可拆卸的各种附件，使其适用于不同的清洁任务，如地板、家具和车内的清理。这种模块化的设计使用户能够根据需要选择适当的附件，提高了清洁的效率和便利性。

戴森吸尘器还注重用户体验的细节。例如，它采用了先进的过滤技术，能够有效地捕捉尘螨、花粉和其他过敏原，提供更清洁和健康的室内环境。吸尘器的手柄和按钮也经过人性化设计，使用户操作更加舒适和方便。这些设计细节体现了戴森对用户需求的关注和对产品质量的追求。

戴森吸尘器的设计不仅关注实用性，还注重创新。品牌不断推出新的技术和功能，提升吸尘

图 5-14　戴森手持无线吸尘器

器的性能和用户体验。例如，他们引入了无损吸尘技术，有效地防止吸尘器性能下降，并推出了智能连接功能，使用户能够通过手机应用程序控制和监控吸尘器的工作。

无论是奢侈品还是功能性产品，设计都扮演着关键的角色，以传达产品的市场定位。精致的设计可以提升产品的奢华感和品位，进而吸引追求高端品质的消费者。而实用的设计则强调产品的功能性和用户体验，满足用户对便利性和性能的需求。通过与市场定位相匹配的设计，品牌能够有效地传达其独特的价值主张，增强市场竞争力，并满足目标市场的需求。

5.2.4 产品设计与产品生命周期的匹配

产品设计与产品生命周期的匹配是实现商业价值最大化的关键因素。在设计过程中考虑产品的整个生命周期，包括生产、销售、使用和报废阶段，可以有效地减少资源浪费、延长产品寿命，并提升品牌形象和商业竞争力。京东作为中国领先的电商平台，以其可持续发展的倡导者形象和创新的设计实践，展示了如何在产品设计中充分考虑整个产品生命周期，以提升商业价值。

首先，京东在减少废弃物方面发挥了重要作用。他们通过引入绿色环保实践，积极与供应商合作，倡导使用可持续材料和生产方式。京东以"绿色包装行动计划"为例，推动供应商采用环保材料，减少包装的使用量，并倡导包装材料的回收和再利用。这些努力有助于减少废弃物的产生，保护环境，并满足消费者对环保产品的需求。

其次，京东致力于延长产品的使用寿命。他们鼓励供应商设计出耐用且易维修的产品，以延长产品的使用寿命。此外，京东通过提供维修和售后服务，帮助消费者解决产品使用中的问题，延长产品的寿命，并提供更好的用户体验。这种设计理念体现了京东对产品质量和用户价值的关注，为消费者提供持久和可靠的产品。

最后，京东还积极推动循环经济的发展。他们提供回收和再利用的服务，鼓励消费者回收旧产品，并与供应商合作推出可循环利用的产品。京东通过这一举措促进资源的循环利用，减少对自然资源的消耗，见图5-15。这种设计实践不仅有利于环境保护，还为京东赢得了消费者的认可和

图5-15　京东爱回收智能服务站

支持。京东以其对可持续发展的承诺和具体行动，树立了一个以环保为核心的品牌形象。他们将可持续发展融入产品设计的方方面面，从材料选择到包装设计，从产品寿命到循环利用，都体现了京东对社会和环境的责任。这种综合考虑产品生命周期的设计思维，不仅推动了企业的可持续发展，还为京东树立了领先地位，并赋予品牌以竞争优势。

京东通过在产品设计中充分考虑整个产品生命周期，减少废弃物的产生，延长产品的使用寿命，并推动循环经济的发展，实现了商业价值的最大化。京东以其可持续发展的倡导者形象和创新的设计实践，树立了一个以环保为核心的品牌形象，为消费者提供可靠和环保的产品选择。

产品设计与商业运营的匹配是实现商业价值最大化的关键。通过考虑产品的生命周期、市场定位、销售策略和产品成本等多个维度，设计师能够创造出与商业目标相契合的产品，提升用户体验，增强品牌形象，实现商业成功。

随着社会对环境保护和可持续发展的关注不断增加，未来的产品设计趋势将更加重视环保和可持续性。设计师将更加注重材料选择、生产过程和产品包装的环保性，以减少资源消耗和废弃物的产生。此外，可持续发展的理念将渗透到整个产品生命周期中，包括产品使用阶段和报废后的处理。这将促使企业采取创新的商业模式，如产品租赁和再制造，以最大限度地延长产品的使用寿命，减少对自然资源的依赖。

这些新趋势将对产品设计和商业模式带来深远的影响。设计师需要不断研究和应用新的环保材料和技术，以创造更可持续和环保的产品。同时，企业需要转变商业模式，将环保和可持续性纳入核心战略中，与消费者共同构建一个可持续的未来。这不仅是满足消费者需求的重要举措，也是为企业赢得市场竞争优势的关键因素。

因此，面对未来的产品设计趋势，设计师和企业需要紧密关注环保和可持续性的发展，并将其融入产品设计和商业运营中。只有通过与时俱进的设计和商业模式创新，才能实现商业价值的最大化，并为未来的可持续发展做出贡献。

5.3 新商业场景的新设计理念

随着社会的不断变化和科技的飞速发展，商业环境正在经历着翻天覆地的变革。在这个新的商业场景中，产品设计的思维和方法也正在发生深刻的变化。传统的设计理念已经无法满足当下消费者的需求和商业模式的要求，因此，设计师们需要拥抱变化，以适应这个新的商业环境。

移动互联网环境的兴起带来了许多机遇和挑战。产品设计需要更强调用户中心思维，更注重用户体验。消费者已经习惯了通过移动设备随时随地获取信息和进行交互，因此，设计师们需要将用户体验放在首位，打造简洁、直观、易用的用户界面。个性化的内容推荐和交流互动功能进一步增强了用户参与度，使平台在激烈的竞争中脱颖而出。

共享经济的兴起改变了人们对产品和服务的消费方式。在共享经济环境下，产品设计需要考虑产品的耐用性和易维护性。共享汽车和共享单车作为代表，通过采用耐用材料和简化维修流程等设计策略，延长了产品的使用寿命，降低了维护成本，提供了更可靠和经济实惠的共享服务。

直播电商的崛起给产品设计带来了新的挑战和机遇。在直播电商环境下，产品的展示性和可识别性至关重要。通过吸引人的包装设计、清晰的品牌标识等，淘宝直播和小红书等平台提供了独特的购物体验，吸引了大量的消费者。设计师们需要创造出与品牌形象相符的产品外观，以在直播电商的竞争中脱颖而出。

在新商业环境下实施有效的设计需要根据不同的商业环境选择适当的设计策略。移动互联网环境下的用户体验设计、共享经济环境下的耐用性设计、直播电商环境下的展示性设计等，都需要被精心考虑和实施。设计师们应该敏锐地洞察商业环境的变化，与时俱进地运用创新的设计思维和方法，以创造出更具竞争力和商业价值的产品。

在这个新商业场景中，设计师的角色变得更加重要。他们需要不断学习、适应和创新，以满足消费者的需求、推动商业发展。只有与时俱进、持续创新，设计师们才能在这个变革的商业环境中脱颖而出，为产品设计带来新的可能性。让我们拥抱这个新的商业场景，以新的设计理念和方法，开启创新之旅。

5.3.1　共享经济环境下的设计理念

共享经济的兴起为人们提供了更多共享资源和服务的机会，也为产品设计带来了新的挑战和机遇。在这个环境中，产品设计需要更加注重产品的耐用性和易维护性，以满足多个用户共享同一产品的需求，提高使用寿命和降低维修成本。

哈啰共享单车注重产品的耐用性，他们选择了高品质的材料和结构设计，如铝合金车架和不锈钢链条，以增强单车的耐用性和抗腐蚀能力，见图5-16。这些材料不仅能够承受长时间的使用，还能适应各种复杂的环境条件。此外，哈啰还采用了模块化设计，将单车的各个部件进行独立设计和制造，方便维修人员根据需要进行更换和维修。这种设计理念使得哈啰共享单车具有更长的使用寿命和更低的维护成本，为用户提供了可靠和便捷的出行选择。

图 5-16　街头摆放的哈啰共享单车

GoFun 共享汽车也致力于提高产品的耐用性和易维护性，见图 5-17。他们选择了高品质的材料和零部件，如耐磨的轮胎和可靠的发动机技术，以确保车辆在长时间和频繁的使用中保持良好的性能和可靠性。此外，GoFun 还在车辆内部安装了高级的车载诊断系统，可以实时监控车辆的运行状态。一旦系统发现问题，可以及时进行维修，避免了小问题积累成大问题，从而提高了车辆的耐用性并降低了维修成本。这种实时监控和快速响应的维护方式，不仅降低了运营成本，也提高了用户的使用满意度。

图 5-17　GoFun 共享汽车

这些案例表明，在共享经济环境下，产品设计需要注重产品的耐用性和易维护性。通过选择高品质材料、模块化设计和智能监测系统等设计策略，哈啰共享单车和 GoFun 共享汽车成功提高了产品的品质和可靠性，为用户提供了可持续、便捷和高品质的共享出行体验。这种设计理念不仅满足了共享经济中多用户共享的需求，也为公司实现商业的可持续发展奠定了基础。在未来，随着共享经济的持续发展，产品设计将更加注重耐用性和易维护性，以提高产品的使用寿命、降低运营成本，并进一步提升用户的满意度和体验。

5.3.2 直播电商环境下的设计理念

直播电商作为一种新兴的购物方式，对产品设计提出了全新的要求。在直播电商环境下，产品设计需要注重产品的展示性和可识别性，以吸引用户的注意力并增强产品的辨识度。淘宝直播和小红书是两个在直播电商领域具有重要影响力的平台，它们在产品设计方面采用了一系列创新的方法来提高产品的展示性和可识别性。

淘宝作为中国最大的电商平台之一，通过直播形式将商品展示给用户，见图5-18。为了提升产品的展示性，淘宝直播注重使用高清晰度的摄影设备和专业的拍摄技术。他们通过精心策划的直播场景、灯光效果和角度选择，将商品以更生动、更立体的方式呈现给用户。同时，淘宝直播还注重产品的可识别性，他们在直播中使用清晰的品牌标识和包装设计，以帮助用户快速辨认出商品的品牌和特点。此外，淘宝直播还借助虚拟美化技术，对商品进行实时美化处理，增强产品的吸引力和购买欲望。

淘宝直播的设计理念是将直播间打造成一个"任意门"，连接着背后一个个既熟悉又陌生的世界，主播就扮演着连接陌生世界（全球购、产地源头、vintage等场景）和用户的纽带角色，用户得以在一个个陌生世界里寻找自己的理想生活。淘宝直播在产品形态和互动玩法上也进行了很多的探索，如导购链路、互动连麦等，极大提升了用户在直播场景下的购买体验。

❌ **内外部发展条件的成熟将推动淘宝直播持续爆发**

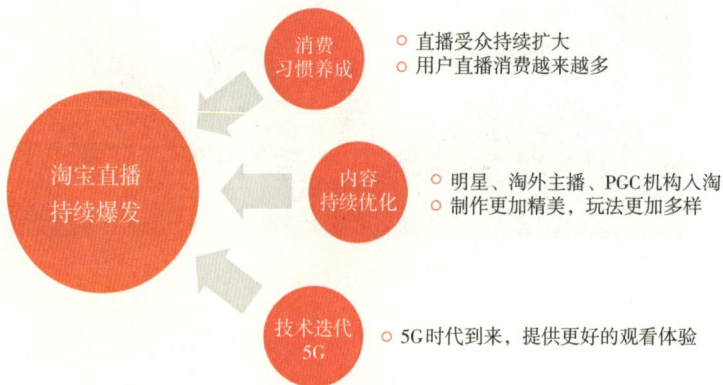

消费
习惯养成
○ 直播受众持续扩大
○ 用户直播消费越来越多

淘宝直播
持续爆发

内容
持续优化
○ 明星、淘外主播、PGC机构入淘
○ 制作更加精美，玩法更加多样

技术迭代
5G
○ 5G时代到来，提供更好的观看体验

图5-18 淘宝直播趋势分析

在直播电商环境下，产品设计在小红书直播中扮演着重要的角色。小红书直播间通过创新的设计理念，为用户提供了独特的购物体验，见图 5-19。小红书直播注重真实性和社交性。通过直播的形式，用户可以实时观看主播展示商品的过程，感受到更真实的购物体验。同时，引入互动玩法如抽奖和送礼物，为用户提供了更多的参与乐趣。用户可以与主播和其他观众进行弹幕互动，分享购物心得和交流感受，增加了购物的社交性和用户的参与度。

小红书直播注重个性化和便捷性。根据用户的兴趣和偏好，直播间推荐相关的商品，提供个性化的购物推荐。通过数据分析和算法，实现了精准的商品匹配，帮助用户更快地找到符合口味的商品，提高购物的满意度。用户可以随时随地参与小红书直播，无须下载其他 App 或前往实体店，只需通过手机或电脑即可享受购物的便利。此外，小红书直播间支持多种支付方式，用户可以选择最方便的支付方式进行结算，提供了更加便捷的购物体验。

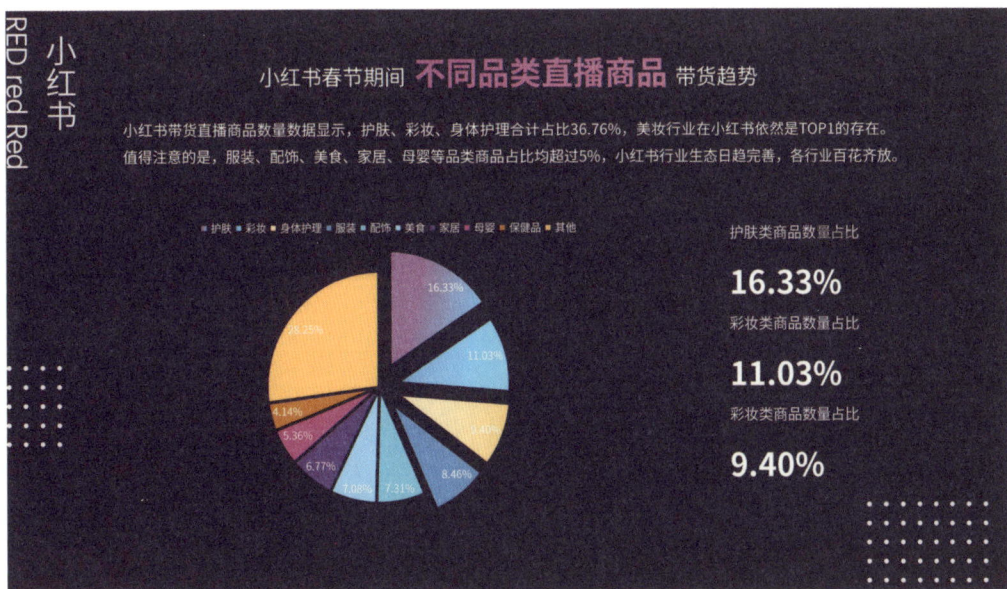

图 5-19   2021 年小红书春节期间不同品类直播商品带货趋势

淘宝直播和小红书通过设计注重产品的展示性和可识别性，成功地吸引了大量的用户和消费者。他们不断探索创新的设计方法，提供令人印象深刻的产品展示和个性化的购物体验。这种注重展示性和可识别性的设计理念为品牌塑造了独特的形象和认知度，同时也为用户提供了更有吸引力的购物选择。随着直播电商领域的不断发展，产品设计将继续强调展示性和可识别性，以满足用户对于个性化、多样化购物体验的需求，并进一步推动直播电商行业的发展。

在直播电商环境下，产品设计需要注重展示性和可识别性，以吸引用户的眼球并增强产品的辨识度。通过使用吸引人的包装、清晰的品牌标识、高品质的展示图片和视频等设计手段,淘宝直播和小红书成功提高了产品的展示性和可识别性。这种设计理念不仅有助于吸引用户的关注和购买,还为品牌建立了独特的形象和认知度。在未来,随着直播电商的持续发展,产品设计将更加注重展示性和可识别性,以满足用户对于个性化、多样化购物体验的需求。

5.3.3 如何在新商业环境下实施有效的设计

在快速发展的数字化时代,商业环境正在经历巨大的变革。新技术的涌现、消费者行为的转变和竞争的加剧都在推动企业重新思考产品设计的方式。在这样的环境中,产品设计不仅仅是关于外观和功能,它还需要考虑商业运营的方方面面,以实现商业价值的最大化。下文将探讨如何根据不同的商业环境选择适当的设计策略,并以滴滴这家共享出行公司为例,展示他们在设计上的成功实践。

滴滴出行作为一家在共享经济模式下崛起的中国公司,凭借其创新的设计实践成功引领了共享出行市场,见图5-20。他们的设计策略着重于提高用户体验和减少车辆的闲置时间,以满足共享出行的需求。通过深入了解用户行为和需求,滴滴能够精确匹配

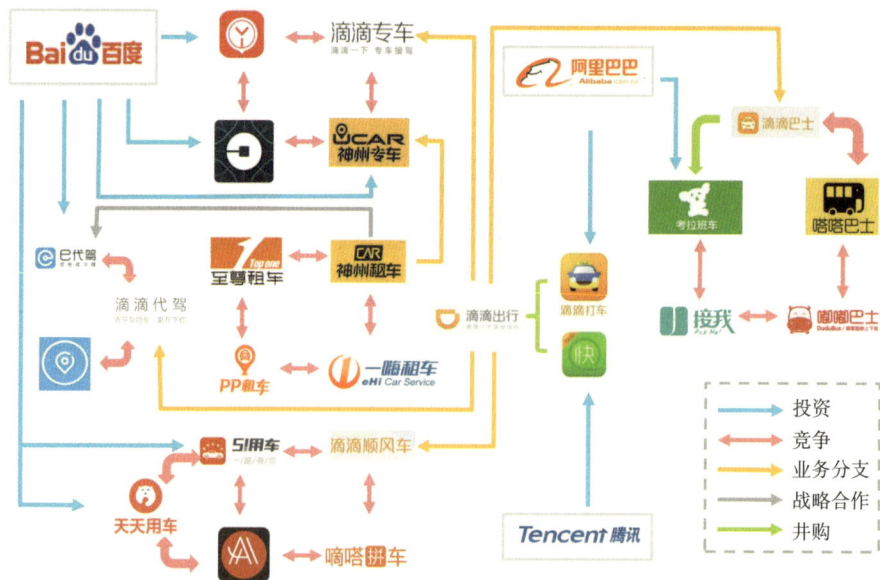

图5-20 滴滴利益相关者图

乘客和驾驶员，提供高效的订单派送服务。他们运用智能算法和大数据分析，确保乘客能够方便快捷地叫到车，同时也让驾驶员更加高效地完成每一次乘车任务。

另一个关键的设计重点是优化驾驶员界面。滴滴注重为驾驶员提供简洁、直观且易于操作的界面，以提高工作效率和驾驶安全。他们精心设计的驾驶员应用程序使得司机能够方便地接收和完成订单，并提供实时的交通信息和路况。这不仅提高了驾驶员的工作体验，也确保了每一位乘客的安全。

滴滴的设计理念不仅仅满足了共享经济环境下的特殊需求，同时也使他们在激烈的市场竞争中脱颖而出，成为共享出行市场的领导者。他们通过注重用户体验和驾驶员界面的优化，建立了一个高效、便捷且安全的出行平台，为用户提供卓越的服务体验。

随着新商业环境的不断变化和技术的进步，未来的设计趋势将更加关注用户个性化、便捷性和可持续性等方面。滴滴作为一个行业领先者，将继续推动创新设计，不断适应变化的商业环境，为用户提供更好的出行体验。有效的设计不仅仅是一个企业的竞争优势，更是创造出更美好商业未来的关键。在新商业环境下实施有效的设计，将助力企业在竞争中脱颖而出，实现商业价值的最大化。

新的商业场景对产品设计理念带来了巨大的影响。在移动互联网环境下，设计师需要更加注重用户中心思维，关注用户体验，以满足用户的个性化需求。共享经济环境下，产品设计需要考虑产品的耐用性和易维护性，以延长产品的使用寿命和降低维护成本。在直播电商环境下，设计要注重产品的展示性和可识别性，通过吸引人的包装和清晰的品牌标识来提升产品的吸引力。

未来的商业环境将继续带来新的挑战和机遇。随着 VR/AR 技术的发展，产品设计将更加注重虚拟现实和增强现实的体验，为用户创造沉浸式的交互环境。人工智能的应用也将深刻改变产品设计的方式，设计师可以借助 AI 技术来分析用户数据和行为，提供更加个性化和智能化的产品。

在面对这些新的商业环境和技术趋势时，设计师需要采用创新的思维和方法。他们需要不断学习和适应变化，关注用户需求和市场趋势，将创意与技术相结合，创造出符合商业目标的创新产品。同时，设计师还应该密切关注可持续发展和环境保护的问题，将可持续性融入产品设计的方方面面。

总的来说，新的商业场景对产品设计理念提出了更高的要求，需要设计师拥抱变化、创新思维，并利用新的技术和方法来推动产品设计的发展。未来的商业环境将继续演变，设计师需要保持敏锐的洞察力和创造力，不断适应新的趋势和挑战，为用户创造出更好的产品体验，推动商业价值的最大化。

5.4 商业策划与设计反思

在商业领域中，设计和商业策划是两个紧密相连、相互依存的元素。商业策划以商业目标和市场需求为导向，制订战略和计划，而设计则负责将这些商业策划转化为实际的产品、服务或品牌形象。设计不仅仅是美学和创意的表现，它还应该为商业目标提供有效的解决方案。

本节将探讨商业策划与设计之间的关系，重点在于如何在商业需求和设计价值之间找到平衡。商业策划在设计过程中扮演着重要的角色，它为设计提供了明确的目标和方向。设计师需要理解商业策划的要求，将其转化为可行的设计方案，并确保设计能够实现商业目标。

同时，设计的原创性和创新性与商业价值密切相关。创新的设计可以为企业带来竞争优势，提升品牌形象和市场认知度。然而，设计必须与商业价值相结合，满足用户需求并创造经济效益。在追求创新的同时，设计师需要考虑商业可行性和市场接受度，确保设计能够切实地为商业带来价值。

在实践中，商业需求和设计价值之间的平衡是一个挑战。设计师需要在商业策划的指导下发挥创意和想象力，同时要考虑商业目标、用户体验和可持续性等因素。本节将探讨如何在这个平衡中取得成功，以及商业策划和设计的相互影响和反思。

通过对商业策划与设计的探索，我们可以更好地理解二者之间的关系，并找到在商业需求和设计价值之间的平衡点。商业策划为设计提供了方向和目标，而设计为商业策划赋予了创意和实际的表现。只有通过深入的思考和反思，我们才能在商业策划和设计之间创造出协同和共生的关系，为企业的成功和可持续发展做出贡献。

5.4.1 商业策划在设计过程中的角色

商业策划在产品设计中扮演着至关重要的角色，其对设计决策产生深远影响。商业策划考虑到市场需求、目标客户和竞争环境等因素，为设计提供了明确的方向和要求。

市场定位是商业策划中的一个重要组成部分。它定义了产品或品牌在市场中的定位，包括目标客户群体、品牌形象和竞争优势等。设计团队需要将这一定位融入产品设计中，以吸引和满足目标客户的需求。举例来说，如果市场定位是高端市场，设计需要注重奢华和精致的元素，从而与目标客户的期望相契合。

产品定价也是商业策划中的重要考虑因素之一。商业策划决定了产品的定价策略，这直接影响到设计决策。设计团队需要考虑产品成本、目标市场的消费能力以及竞争对手的定价策略等因素，以确定适当的设计成本和定价范围。

在设计过程中，商业策划的营销战略要求得到充分考虑。设计需要与营销战略相一致，传达相同的品牌故事和价值主张。例如，如果营销战略强调品牌的环保和可持续性，设计需要采用符合这些价值观的材料和生产方式。

下面以星巴克的咖啡店设计为例，进一步展开讨论商业策划对设计决策的影响，以及其与设计的紧密关系。星巴克作为全球领先的咖啡连锁品牌，其咖啡店设计紧密结合商业策划的目标和品牌形象。在商业策划的指导下，星巴克咖啡店以独特的设计风格和热情的服务赢得了广大消费者的喜爱。

星巴克注重创造独特而具有辨识度的空间体验，见图5-21。咖啡店的外立面常采用带有星巴克标志性绿色和白色元素的设计，令人一见便能联想到星巴克品牌。店内的布局和装饰也经过精心设计，营造出舒适、温馨的氛围，为顾客带来宾至如归的体验。

图5-21 星巴克店面装潢设计

星巴克咖啡店的内部设计注重创造与品牌形象相符的高端感和艺术氛围。店内的家具和装饰品通常采用高品质材料，如木材和金属，结合精致的工艺和设计，传递出品质和奢华的感觉。这种设计策略既符合星巴克品牌在市场上的高端定位，也满足了目标客户对优质咖啡和精致体验的需求。

星巴克咖啡店的空间布局也是商业策划和设计的精心考虑。店内常设有多个区域，包括休闲座位区、工作区和社交区等，以满足不同顾客的需求和使用场景。例如，为需要专注工作的顾客提供安静的工作区，为希望与朋友聚会的顾客提供舒适的社交区域。这样的设计不仅提供了灵活性和个性化选择，还提升了顾客的满意度和忠诚度。

在商业策划的引领下，星巴克的咖啡店设计不仅满足了顾客对高品质咖啡和舒适体验的期待，也为品牌赋予了独特的风格和形象。这种紧密结合的商业策划和设计使得星巴克成为全球咖啡连锁行业的领导者。

5.4.2 设计的原创性和创新性与商业价值的关系

设计的原创性和创新性对于商业价值的重要性无可否认。在当今快速变化的商业环境中，企业需要通过设计来与竞争对手区分开来，吸引消费者的注意并赢得市场份额。原创性和创新性的设计不仅可以为企业带来差异化竞争优势，还能够激发消费者的兴趣和情感共鸣，进而推动销售和品牌认知的提升。

原创性指的是在设计过程中独创性的思考和创意表达。它突破传统的束缚，创造出独特而个性化的产品或服务。过度追求商业需求可能带来一些问题。如果设计只关注市场趋势和商业需求，而忽略了原创性和创新性，产品可能失去独特性和个性，变得平庸和可替代。这种情况下，企业可能会陷入竞争激烈的价格战，无法真正实现长期的商业成功。原创性设计能够吸引目标消费者的眼球，赢得他们的喜爱和忠诚。而创新性设计则是在现有的基础上进行改进和突破，引入新的概念、技术或功能，以满足消费者不断变化的需求。创新性设计能够带来新鲜感和独特体验，使企业在市场中更具竞争力。

在此背景下，宜家（IKEA）（图5-22）的家具设计为我们提供了一个成功的案例。宜家以其独特的家居设计理念和平价产品而闻名，为消费者提供了实惠、高品质的家具和装饰品。宜家的设计不仅满足了市场对实惠、高品质家居产品的需求，还注重创新性和原创性的体现。

宜家的家具设计注重人性化、可定制化和可拆装性，以满足消费者对个性化和灵活性的追求。他们通过独特的设计构思和创新的材料应用，将功能性与美学相结合，为消费者打造出具有独特风格和个性的家居环境。

图5-22　宜家家居

宜家还积极引入可持续发展和环保的理念，将设计与可持续性结合起来。他们关注材料的可再生性和循环利用性，致力于减少资源的浪费和对环境的影响。这种创新性的设计理念不仅符合当代消费者对可持续性的追求，还为宜家赢得了环保和社会责任意识高的消费者群体的支持。

宜家的成功表明，设计的原创性和创新性与商业价值息息相关。通过在商业需求中保持设计的独特性和个性，企业可以在竞争激烈的市场中脱颖而出，赢得消费者的认可和忠诚，并实现长期的商业成功。

5.4.3　如何在商业需求和设计价值之间找到平衡

在商业需求和设计价值之间找到平衡是设计行业中的一项关键挑战。设计不仅要满足企业的商业目标和市场需求，还要体现独特的创意和用户体验，以实现商业价值和设计价值的双赢。

深入理解用户需求是找到平衡的关键。设计师需要与用户进行深入的研究和洞察，了解他们的期望、偏好和痛点。通过用户研究和用户测试，设计师可以获取宝贵的反馈和洞察，从而更好地满足用户需求，提升用户体验，并与商业目标相匹配。

寻找创新的设计方法是实现平衡的重要途径。设计师可以采用人本设计、敏捷设计等创新方法，以开放的思维和跨学科的合作，挖掘新的设计灵感和解决方案。通过创新的设计方法，设计师可以在满足商业需求的同时，注入独特的创意和设计价值，实现产品或服务的差异化竞争优势。

灵活地调整商业策略也是找到平衡的重要策略之一。商业环境和市场需求不断变化，设计师需要与商业团队密切合作，及时调整和优化设计方案，以适应新的商业策略和市场趋势。灵活性和适应性是设计师在商业需求和设计价值之间找到平衡的关键。

小米的MIUI系统（图5-23）是一个典型的商业与设计价值平衡的案例。MIUI系统在满足用户需求的同时，实现了商业价值和设计价值的有机结合。MIUI系统注重用户

图5-23　MIUI 10系统

体验，以用户为中心的设计理念贯穿于整个系统。小米的设计团队深入了解用户需求和使用习惯，通过用户研究和用户反馈不断改进和优化系统功能和界面设计。他们注重用户界面的简洁和易用性，提供直观的操作和流畅的交互体验，以满足用户对于简洁、高效的需求。

MIUI 系统通过创新的设计方法实现了个性化和差异化的用户体验。小米致力于为用户提供丰富的个性化选项，如多样化的主题、动态壁纸、图标样式等，使用户可以根据自己的喜好和风格来定制和个性化手机界面。这种个性化的设计使用户能够在使用过程中展示个人特色，增强了用户的情感联结和品牌认同。

MIUI 系统充分考虑商业价值，通过预装小米应用和提供个性化服务，实现商业模式的有效落地。小米将自家的应用和服务有机地融入系统中，为用户提供了一站式的移动生态体验。例如，小米推出了小米云服务、小米商城、小米社区等应用，让用户可以轻松访问小米的生态圈，提供全方位的产品和服务支持。

在设计过程中，小米团队将商业需求与用户体验相结合，追求创新和个性化，以满足用户的期待，同时实现商业目标。他们始终坚持以用户为中心，注重产品的细节和用户感受，不断推出新的功能和更新，以保持与市场的竞争力。

小米的成功在于其对商业需求和设计价值之间的平衡的敏锐把握。他们深入了解用户需求，通过创新的设计方法和灵活的商业策略，提供满足用户期望的产品和服务，同时实现商业价值的最大化。

在商业需求和设计价值之间找到平衡是一个不断探索和调整的过程。设计师需要保持敏锐的市场洞察和创新思维，与商业团队紧密合作，深入理解用户需求，寻找创新的设计方法，并灵活调整商业策略，以实现商业价值和设计价值的最佳平衡。只有在这样的平衡中，设计才能真正为商业带来差异化和持续的竞争优势。

5.4.4 商业策划与设计的平衡

商业策划与设计的平衡一直是一个关键的议题。在商业与设计之间找到平衡点，既能追求商业价值，又能保持设计的原创性和创新性，是实现商业成功和设计卓越的关键。然而，实际操作中往往面临着挑战。

一种观点认为，商业需求驱动着设计，因为设计的最终目的是满足市场需求，获得商业成功。在这种情况下，设计会受到商业目标、市场定位、产品定价等要素的限制和指导。设计团队需要深入了解市场需求，分析竞争对手，了解用户行为，以确保设计与市场需求相契合。

然而，另一种观点认为，设计应该保持原创性和创新性，而不仅仅是为了迎合商业需求。设计应该赋予产品独特性和个性，从而与竞争对手区别开来，并在市场中脱颖而出。如果过度追求商业价值，设计可能会失去其独特性，导致产品变得平庸和缺乏竞争力。

黑莓手机和柯达相机的失败案例是一个警示。在智能手机的崛起阶段，黑莓没有及时适应变化的市场需求，导致他们逐渐失去了市场份额。这可以归因于他们过度追求商业目标，忽视了设计的创新性和用户体验。

尽管黑莓手机（图5-24）在早期以其独特的物理键盘和高安全性而闻名，定位于专业用户群体，但随着智能手机的普及，市场需求发生了根本性的变化。用户对触摸屏和多媒体功能的需求日益增长，希望能够享受更丰富的移动体验。然而，黑莓未能及时调整设计策略，仍坚持使用物理键盘，限制了产品的创新性和用户体验。物理键盘在一定程度上可以提供更好的输入体验和数据安全性，但随着触摸屏技术的成熟和用户对多媒体功能的追求，物理键盘变得不再那么重要。其他竞争对手迅速推出了触摸屏手机，提供更大的屏幕空间和更灵活的操作方式，满足了用户对多功能和娱乐性的需求。相比之下，黑莓坚持物理键盘的设计，使得其产品在外观和操作方式上相对滞后。

此外，黑莓也没有将用户体验放在首要位置。他们的操作系统界面相对陈旧，没有及时进行更新和改进，缺乏与时俱进的设计元素和交互方式。同时，应用生态系统的发展也较为缓慢，无法满足用户对多功能和个性化的需求。这导致黑莓手机在市场上逐渐失去吸引力，并丧失了与竞争对手抗衡的能力。

柯达（Kodak）（图5-25）是摄影行业的知名品牌，却未能在数字照相机的兴起中跟上时代的步伐。引发我们对商业策略和设计思维的一些关键问题的思考。首先，柯达过于依赖传统的胶卷摄影业务，没有及时调整商业策略。他们没有预见到数字化摄影技术的崛起以及市场对数字照相机的需求增长。这揭示了一个重要的教训：在商业环境中，持续的市场洞察和趋势预测至关重要。企业需要密切关注市场变化，并灵活地调整自己的业务模式和产品策略，以满足新兴技术和消费趋势的需求。

图5-24　黑莓手机

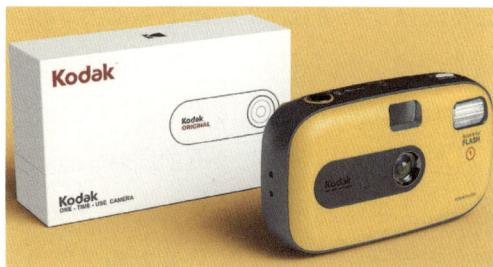
图5-25　柯达一次性相机

其次，柯达在数字化摄影领域的设计思维也有所欠缺。他们未能及时推出创新的数字照相机产品，缺乏对新技术的积极应用和设计创新。这表明，在设计过程中，不仅要考虑商业需求，还要注重创新性和独特性。设计团队需要积极寻求新的技术和设计方法，提供具有创新性的产品解决方案，以满足市场的不断变化和用户的新需求。

最后，柯达未能在数字化摄影领域建立起强大的生态系统。数字照相机不仅仅是一款产品，还需要配套的软件、服务和社区支持。这需要企业在商业策划中考虑到全方位的用户体验和价值链的建设。成功的商业策略需要将设计思维和用户体验整合到整个生态系统中，以创造有吸引力的产品和品牌，提供全面的解决方案。

我们可以从这些失败案例中得到启示。在追求商业价值的同时，设计团队应该始终保持对创新性和用户体验的关注。商业策略需要及时调整和适应市场变化，以确保设计与市场需求相契合。而设计团队则需要持续探索新的设计方法和技术，以满足不断变化的用户需求。

在商业与设计之间寻找平衡的关键在于理解用户需求、抓住市场趋势，并在设计过程中注重创新和用户体验。商业和设计之间的平衡点可能因不同行业和公司而异，但只有在商业目标和设计价值的协调中，才能实现长期的商业成功和持续的用户满意度。

在商业与设计的平衡中，找到一个恰到好处的平衡点是一项艰巨的任务。然而，只有在商业需求和设计价值之间取得良好的平衡，才能创造出既有商业价值又有设计价值的卓越产品和体验。这是一个持续的反思过程，需要不断探索、创新和适应变化的商业环境。只有在商业与设计的和谐共处中，企业才能取得长期的商业成功，并为用户带来令人满意的产品体验。

商业策划与设计之间的平衡是实现设计成功的关键。在商业策划中，深入了解用户需求是至关重要的。通过用户研究和市场洞察，设计团队可以获取关于用户喜好、行为模式和痛点的宝贵信息。这些信息有助于指导设计决策，确保设计与用户需求紧密契合。商业策划团队的角色是将市场需求和商业目标转化为具体的设计要求，为设计师提供明确的方向和指引。

同时，设计团队应该积极寻求创新的设计方法和技术，注重独特性和个性化。创新是推动设计和商业发展的重要驱动力。设计师们应该跳出传统的思维框架，挖掘新的创意和灵感。他们可以参考其他行业的设计趋势和创新实践，结合自身领域的特点，创造出与众不同的设计解决方案。

然而，在追求商业价值的同时，设计团队也要保持设计的原创性和创新性。过度追求商业需求可能导致设计失去独特性和个性，变得平庸和普通。设计师们应该在商业策划的指导下，发挥他们的创造力和想象力，为产品和服务赋予独特的魅力和价值。设计团队应该秉持自己的设计理念和风格，同时与商业策划团队进行充分的沟通和协作，找到商业目标与设计创新的最佳平衡点。

　　未来，设计和商业策划将继续朝着更加以用户为中心的方向发展。用户体验和用户参与将成为设计过程的核心。设计师们需要通过用户研究、用户测试和用户反馈等方式，深入了解用户的需求和期望，从而打造出更加人性化和贴合用户心理的设计。与此同时，设计界也将更加注重创新和独特性，不仅仅是为了满足市场需求，更是为了引领市场的变革和创造新的商业机会。设计师们应该持续关注市场趋势和技术发展，不断学习和掌握新的设计方法和工具，以保持自身的竞争力和创新性。

　　在这个充满机遇和挑战的时代，我们需要不断反思和探索商业策划与设计之间的平衡。只有找到平衡点，将商业目标、用户需求和设计创新相结合，才能实现成功的商业策划和设计实践。商业策划与设计之间的紧密合作和有效沟通是关键，设计师们应该与商业策划团队保持密切合作，共同制定和调整设计策略，确保设计与商业目标的一致性。通过不断的学习和实践，我们可以为未来的商业环境带来更加人性化、创新和独特的设计解决方案，推动商业与设计的共同发展，创造出更美好的未来。

第 6 章

产品设计师
新能力要求

产品设计师是当今创新和商业成功不可或缺的一环，他们负责将创意和概念转化为实际的产品，通过独特的视觉呈现和功能实现，满足用户的需求和期望。作为一个能够将创意实现落地的"筑梦师"，产品设计师需要掌握美学、工学等各方各面的知识并具备相关的能力。随着科技的发展和用户需求的不断变化，产品设计师将面临着越来越多的挑战和机遇，仅仅掌握设计美学知识和工程知识的时代已经成为过去式。过去设计师注重的形式、功能和美学固然重要，但这些已经无法满足日新月异的时代对设计师提出的要求。为了能够在飞速发展的设计领域中拥有一席之地，设计师必须积极主动地学习多方面的新知识并接受新趋势，磨炼自己的技能并扩大知识库，获得超越传统设计原则的多样化能力组合。只有掌握了新环境的新能力，才能在多样化的现代设计世界中茁壮成长，避免被时代的洪流抛弃，创造出塑造未来的解决方案。

6.1　设计X基础设计能力

一个合格的产品设计师应当掌握一系列的能力，首当其冲的便是基础设计能力，这不仅是设计师的核心竞争力，也是学习其他知识的根基。

① 人类是视觉动物，当认知一件产品时，首先便是美学上的感知，而"好看"这一抽象的感觉往往能很大程度地影响用户是否接受产品的决定。

当我们学习产品设计时，审美能力的培养无疑是不可或缺的要素之一。美学在产品设计中扮演了基础理念的交融者角色，它是一个综合性的概念，涵盖了色彩、形状、质感等各种元素，以及对称、比例、韵律等原则。这些元素和原则相互交织，引导着设计师创造出外观具有美感、感官协调、符合人类审美需求和情感诉求的产品。审美能力涉及对美的理解、欣赏和判断能力，能够帮助设计师培养出独特的想象力、洞察力和批判能力。产品设计师在创造出令人愉悦的用户体验时，必须学会将美学与实用性融为一体。一个具有良好审美能力的产品设计师能够将色彩、形状、纹理和比例等元素有机地结合，准确把握用户的喜好和心理期望，创造出独特且符合大众审美的产品外观和良好的用户体验，从而提升产品的市场竞争力。因此，美学能力在设计中的作用不仅仅是增加外观的装饰，更是用户体验的塑造者，它能帮助设计师在设计中融入情感元素，使用户产生共鸣和情感投入（图6-1）。

② 表达能力也是产品设计师必须具备的基础能力之一，纵使拥有最好的想法但无法清晰合理地表达出来也是无稽之谈。

除了清晰的语言表达能力，手绘是产品设计师展示想法的最简单且有效的方式。良好的手绘能力可以帮助设计师快速地将抽象的灵感和想法转化为可视化的概念图或设计草图。这种在纸上自由勾勒、涂抹和修改的表达方式能够带来更多的灵感和变化，促使设计师自由流动地表达灵感，捕捉在创意初期可能会逝去的想法，创造出更富创意的设计。手绘也是培养设计师洞察力的有效方式，能够提升他们对形式、结构和材料的理解能力，进而影响其在产品设计中的决策和创造力。另外，良好的手绘能力能够有效地降低设计团队成员之间以及与客户之间的沟通成本，快速验证创意的可行性，加快设计产品落地的速度（图6-2）。

③能够使用各种各样的设计方法解决问题也是产品设计师应当掌握的技能，这些方法的使用范围包括用户研究、创意生成、市场分析、原型设计等方面。

图6-1 好的设计需要好的审美

例如，在正式设计之前需要对用户需求进行调研和分析，使用问卷调查、访谈、焦点小组等方法能够从不同角度获取用户的全方面信息，多种方法的结合应用有利于设计师全面细致地了解自己设计的服务对象，更好地挖掘用户需求。在生成创意时，有很多辅助发散思维的方法，如头脑风暴、思维导图等方法，能够挖掘设计师的创意潜能，理清设计思路，尽可能多地生成合适的优质方案，还有可能得到意想不到的结果。另有一些诸如SWOT分析、用户画像、Kano模型等分析方法，能够帮助设计师从社会、经济、用户等多个视角审视设计，更全面地思考问题，从而设计出有用且好用的产品（图6-3）。

图6-2 设计师的手绘能力

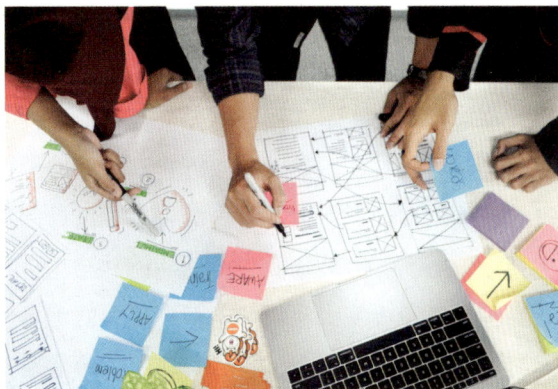

图6-3 应用设计方法

6.2 设计X计算机技术能力

在当今数字化时代，计算机技术已经成为各行各业必不可少的工具之一，在设计行业更是不可或缺。产品设计早已不再局限于纸笔草图和手工模型，而是越来越依赖于计算机的帮助。计算机技术的应用不仅能够帮助设计师进行快速的草图绘制、模型建立、材质和色彩调整等操作，从而更快速地创建、修改和呈现设计方案，大大提高了设计效率；还能够通过数字化设计工具进行虚拟建模、仿真和可视化展示，使设计师能够更直观地观察和评估设计的效果。计算机技术为设计师提供了更多的可能性，使其能够创造出更加独特、功能性强且符合用户需求的产品。因此，熟练且全面地掌握计算机技术是每个新时代产品设计师的基础要求。

①产品设计师首先需要掌握的计算机技术便是使用计算机辅助设计（CAD）软件。

CAD软件不仅能够帮助设计师在电脑上创建和编辑设计图案，从而实现设计方案的快速修改，还能实现三维模型的构建和渲染等传统设计方法无法实现的效果，在产品设计、建筑设计、工程设计等多种设计领域中有着广泛的应用。CAD软件的一大特色便是支持参数化设计，设计师可以定义和调整模型的尺寸、形状、材料等参数，而无须手动重新绘制整个模型。这使得设计师可以快速进行设计变更和迭代，以满足不同的设计要求，节省了大量的时间和精力。有些CAD软件还会提供模型分析和仿真工具，可以对产品进行结构分析、流体模拟、热分析等操作，这使得设计师能够预测和评估产品在不同条件下的性能和行为，优化设计方案并减少实际制造和测试的成本和时间。CAD软件通常支持多种文件格式的导入和导出，如STEP、IGES、STL等，使得设计师可以与其他团队成员（如工程师、制造商）共享设计数据，实现更好的协作和沟通。此外，CAD软件还支持自动化和批量处理功能，可以应用于重复性任务和大批量的设计工作。设计师可以通过编写脚本、宏等自定义工具来自动化设计过程，进一步提高效率并降低错误的发生。

美国Autodesk公司开发的AutoCAD是全球应用最广泛的CAD软件之一，主要用于平面设计图纸的绘制（图6-4）。AutoCAD软件提供了多种二维图形绘制工具，能够快速编辑线条、文本和图形等元素，帮助设计师设计产品工程图、电路图、建筑图纸等工程用图；软件还提供了三维建模的功能，能够创建产品的三维模型；软件还能够进行参数化设计，通过改变参数来修改设计的尺寸、形状和材料，作为后续生产工程的指导。AutoCAD凭借其强大的功能和与生产环节优秀的适配性改变了现代工程的设计流程，已经成为工业领域中不可缺少的工具。产品设计师在设计产品的过程中应当随时考虑与产业的配合，为了实现产品的落地，CAD软件是产品设计应该首先掌握的软件。

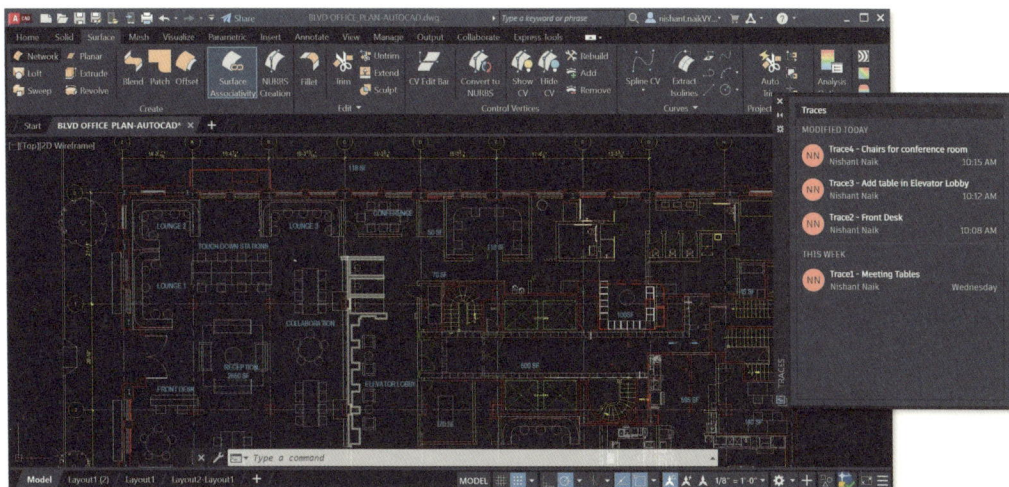

图 6-4　Autodesk 公司开发的 AutoCAD

在没有计算机的时代，想要完整地展示出构想的产品只能通过高超的手绘功底或全面的描述，抑或是精致的实体模型，这几种方式都很难完美地向对方展现出自己的想法，而计算机技术的应用很好地解决了这个问题。很多 CAD 软件提供了强大的三维建模工具，允许设计师在电脑中构建出虚拟的三维产品模型。设计师可以通过可视化的界面直观地构建产品的各个组成部分，进行实时的编辑和调整，并赋予材质，搭配虚拟渲染软件来模拟产品在真实场景中的效果，以此达到预览产品最终效果的目的。通过计算机建模的方式，产品设计师可以快速构建出设计模型，既能够准确展示产品效果，节约成本，也方便后续快速修改。

②如今，产品的三维建模已成为产品设计流程中的必要环节，这也意味着产品设计师必须掌握至少一种三维建模软件。

三维建模的软件有很多，分别有着不同的用途，例如 SolidWorks 软件是一款工程化建模软件（图 6-5），除了基础的建模功能，它还有着精准的尺寸设置、工程制图、模拟装配、力学模拟等专业化功能，非常适合用于机械系统的零件、装配体的设计，广泛用于机械、汽车、航空航天等工业领域；又如拥有强大的曲面设计功能的 Rhino 软件（图 6-6），能够构建复杂的曲面和纹理，还能够通过插件实现参数化建模、流体力学模拟、结构分享等功能，广泛用于工业设计、汽车设计、珠宝设计等领域。另外，为了做出真实的产品效果图，产品设计师也应学会使用渲染软件，它能够将虚拟建模渲染成真实的场景和细节，帮助设计师更好地呈现产品外观和材质。渲染软件还可以创建高质量的产品展示图像和动画，用于产品宣传、销售和市场营销。比如 KeyShot 是一款专门用于渲染三维模型的渲染软件（图 6-7），设计师可以在设计过程中即时预览渲染效果，快速调整材质和光照设置。KeyShot 支持 Rhino、SolidWorks、CATIA 等多种建模软件输

图6-5　工程化建模软件SolidWorks

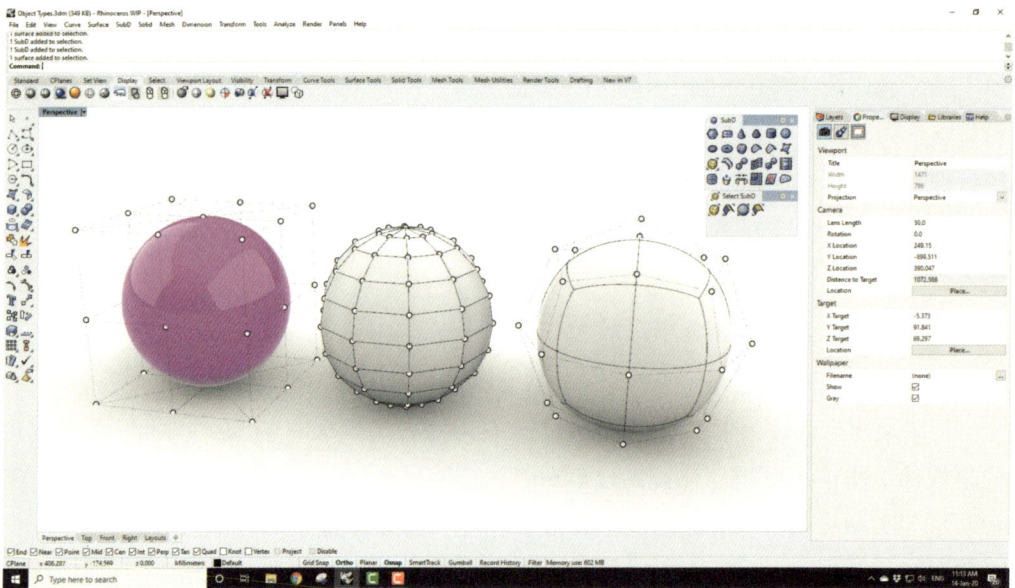

图6-6　三维建模软件Rhino

出的格式，提供了多种材质库和环境预设，有着强大的打光和相机工具，能够帮助设计师快速输出真实的产品效果图。

③除了对产品本身的设计能力，视觉表达能力也是产品设计师的一项重要能力，是实现创意和设计目标的关键。

产品设计师需要将复杂的设计思想转化为易于理解和接受的图像和图形，运用色彩、构图等元素，使产品的外观和用户界面更加吸引人和易用，同时与其他团队成员、

139

图6-7　渲染软件KeyShot

客户和用户进行有效的沟通和交流。纵使设计师有着绝佳的想法，无法将其准确美观地表达出来，再好的想法也是无稽之谈。因此，无论用纸和笔绘制出产品草图，还是使用计算机制作精细复杂的图案，都是产品设计师的必要技能。

在以往的设计师视觉表达能力的培养过程中，手绘技能的培训往往需要大量的时间和精力，这也是成为设计师的一大门槛，而计算机软件给予了设计师表达自己的新方式，大大降低了视觉表达的难度并扩展了表现的宽度。例如美国 Adobe 公司开发的 Photoshop 和 Illustrator 二维图形设计软件，分别用于位图和矢量图。Photoshop 软件的功能极其强大且易于使用，支持多种图片类型的编辑（如 JPEG、PNG 等），并且可以进行裁切、变换、调色、抠图等多种图形处理的操作（图6-8）。Photoshop 强大的功能和易上手的特点让其成为平面图像领域无出其右的软件，以至于大众将软件的缩写"PS"作为图像编辑的代名词。Photoshop 也将于近期发布 AI 辅助修图的功能，进一步简化了图像的编辑流程。产品设计师可以使用 Photoshop 来处理产品的视觉元素，轻松编辑产品照片、图标、海报等，完成一系列多样化需求。

Illustrator 也是一款编辑二维图形的设计软件，与前者不同的是，Illustrator 着重于矢量图形设计（图6-9）。矢量图形是根据几何特征生成的图形，具有可伸缩性，无论放大还是缩小都能保持清晰度和准确性，适用于不同尺寸和媒体的设计需求。Illustrator 能够轻易修改矢量图形的形状、线条、色彩等参数，非常适用于 Logo、UI、UX 等图案的设计。学会使用二维图形设计软件是展示设计方案的必要条件，是与设计相关的职业的基础要求，因此是产品设计师必须掌握的基础技能。

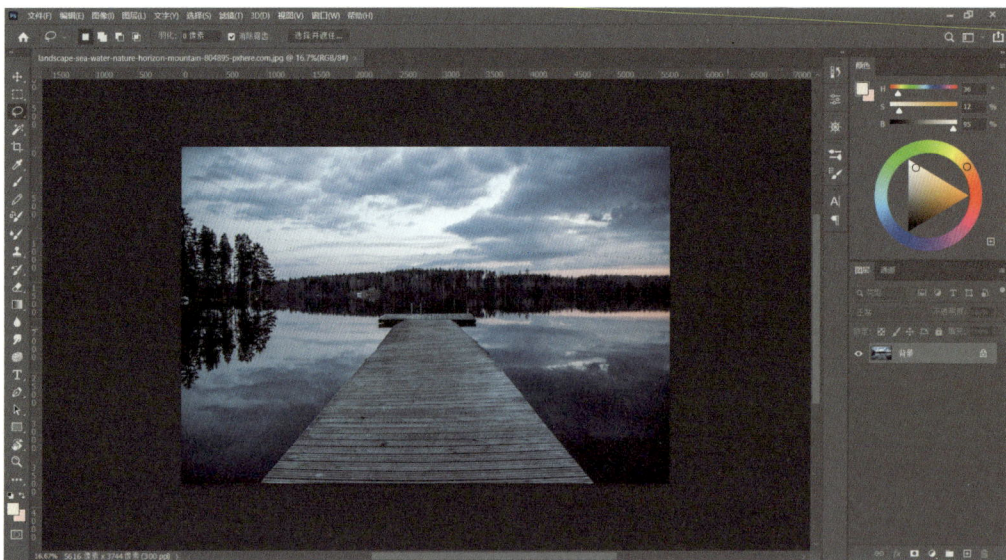

图6-8　图像编辑软件Photoshop

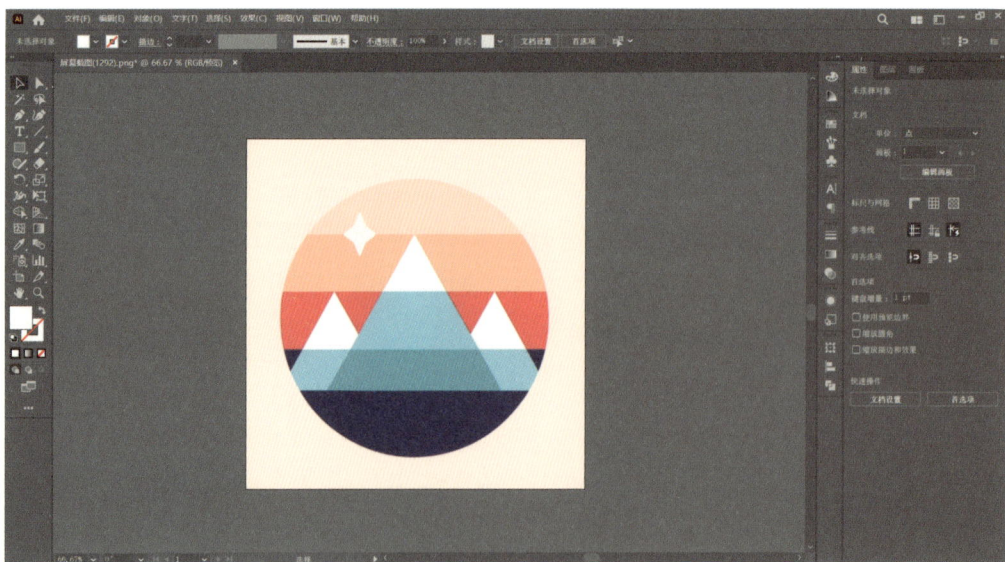

图6-9　矢量图形编辑软件Illustrator

④随着数字时代的到来，知识融会贯通，掌握单一学科的知识已无法在激烈的竞争中保持优势。因此，除了以上所说的设计专业软件，不断发展的世界要求新时代的设计师掌握更全面的计算机技能，这包括计算机编程的基础知识和编程语言（图6-10）、Web和客户端开发、人工智能等技术。

学习编程语言不仅可以帮助设计师更深入地理解数字化产品软硬件配合的方式，减轻设计师与工程师的交接困难问题，还可以锻炼设计师的逻辑思维，培养全面考虑的思维模式。在数字时代，越来越多的产品采用软件与硬件结合的方式进行设计，在设计这

图6-10　一定的代码编程能力

类产品的过程中考虑使用软件补充或丰富相关的功能，提高产品的附加价值和使用寿命，而在设计软件的同时考虑与产品进行合理的配合。这种数字化产品将会成为现代及未来产品设计的主流，因此在数字时代理解和掌握至少一种编程语言是非常重要的。掌握Android和iOS平台等移动端开发技能，以及如HTML、CSS和响应式设计等Web开发技能，产品设计师能够更好地设计和优化不同设备的用户界面，提供一致性和良好的可用性；能更好地理解和实现产品的用户界面，实现所需的视觉效果和交互元素，快速创建移动应用程序的原型并进行用户测试和反馈收集；能够使用图表、图形和其他数据可视化工具，以更好地展示和传达产品中的数据信息；有利于加深对于产品交互的理解，更好地与开发人员沟通，同时更好地提高产品的用户体验。

近年来，人工智能（AI）发展迅猛，不断渗透到各个行业，其多个技术分支——比如大数据、机器学习、自然语言处理、计算机视觉等，也不同程度地影响到产品设计领域的发展。例如机器学习算法可以对用户行为数据和市场大数据进行分析，帮助设计师了解用户的需求和偏好，以及市场发展的趋势，为产品设计提供指导，为用户提供个性化服务；自然语言处理技术能够实现产品的语音交互、智能对话等，提高产品的人机交互体验，电影中的人工智能管家将走进现实；计算机视觉技术可以识别和分析图像中的内容，实现自动图像标记、对象识别和特征提取，在产品设计中可以应用于自动化产品检测、图像搜索和虚拟试衣等场景。人工智能可以自动生成设计概念、风格和布局，例如深度学习技术能够学习并分析艺术风格，实现图案的风格迁移或自动生成设计元素、图案和配色方案，为设计师提供灵感。AI还可以提供设计辅助工具，如自动排版、颜色匹配和快速草图生成，提高设计师的效率和创造力。AI技术甚至能够识别和分析用户的情感状态，包括面部表情、声音和文字等，有助于产品设计师更好地理解用户情感需求，设计出更具情感共鸣和用户体验的产品。另外，人工智能还可以应用于产品的智能化设计和生产过程的优化，提高产品设计和生产的效率和质量。

人工智能技术的发展对设计行业产生了巨大冲击，减少了设计师重复劳动，提高设计效率的同时也为设计提供了新可能。人工智能将会取代低端设计工作，降低设计师的入门门槛，同时也会提高设计师的水平上限，拉大低端设计师和高端设计师的差距。为了不被人工智能所取代，产品设计师不应局限于传统的设计软件，也应顺应技术发展的潮流，学习人工智能相关技术的应用方式，将其作为一个新工具应用到设计过程中。例如Midjourney、Stable Diffusion等AI绘画模型能够通过自然语言处理技术将输入的语言转化成逼真的图像和画作，生成质量之高使其能够直接用于商业领域，大大降低了设计难度（图6-11）。产品设计师可以利用该工具生成设计素材，将想要设计的产品以语义的形式输入，得到产品效果图，拓展灵感并大大提升了设计效率。再如语言模型ChatGPT，使用深度学习来学习自然语言的语法、结构和含义，并能够自然地与人类进行语言交互，回答各种类型的问题，提供解决方案（图6-12）。ChatGPT有着广阔的应用场景，它的出现不仅能使产品设计师轻易地学习各类知识，还能够用来生成文案、生成文字素材、提供设计建议、分析调研数据等。

图6-11　人工智能生成的图案

MI　现在只能在产品的外观造型上进行设计，主题是可爱的猫，你会如何进行设计，请给出至少五个设计方案

当以可爱的猫为主题进行产品外观造型设计时，以下是五个设计方案的示例：

1. 方案一：猫爪形状
   - 设计一个碗具防滑垫，形状类似猫爪的轮廓。
   - 猫爪形状的凹凸表面提供防滑功能，并增加趣味性和可爱感。
2. 方案二：猫耳朵设计
   - 设计一个防滑垫，中央部分呈现猫耳朵的形状。
   - 猫耳朵作为可拓展的结构，可以将不同的餐具放置在耳朵中，提供额外的稳定性。
3. 方案三：猫脸图案
   - 设计一个可爱的猫脸图案，印在防滑垫的表面。
   - 猫脸图案可以使用卡通风格或简约线条风格，给用户带来愉悦的视觉体验。
4. 方案四：猫咪造型
   - 设计一个立体的猫咪造型防滑垫，具有可爱的猫咪形象。
   - 猫咪造型可以包括细节的呈现，如眼睛、鼻子和嘴巴，增加产品的趣味性和亲和力。
5. 方案五：猫爪印迹图案
   - 在防滑垫的表面设计一系列猫爪印迹图案。
   - 猫爪印迹的图案可以分布在整个防滑垫上，呈现出活泼和俏皮的氛围。

这些设计方案都以可爱的猫为主题，并通过不同的造型、图案或元素来呈现。在设计过程中，要注意保持产品的实用性、可生产性和用户的喜爱度。同时，与其他功能设计相结合，以确保产品具有良好的防滑性能和实用性。

图 6-12　自然语言模型 ChatGPT

　　总之，计算机技术对于现代产品设计师是一项必备技能，它提供了高效、创新和协作的工具和平台，使设计师能够更好地提高工作效率、推动创新，并满足用户的需求。因此，产品设计师应该积极学习和掌握计算机技术，不断提升自身的数字化设计能力。所有计算机技术的应用都是为了一个目的，那就是更快地、更方便地进行产品设计，为用户提供高质量的产品。

6.3　设计×商业经营能力

　　有人认为产品设计师其实是一种"推销人员"，因为他们会想方设法地美化自己的设计并向客户"推销"，这个观点虽不准确但无可厚非，毕竟产品设计的最终目的便是将设计的产品卖出并获得商业利润。因此，如何在商业市场中有效地推广和销售设计的产品，也是产品设计师应当掌握的重要技能。在当今竞争激烈的商业环境中，产品设计师不仅需要具备创意和设计技能，还需要具备更广泛的商业经营知识，以便更好地理解目标市场和客户，针对特定的实际需求做出真实有用的设计。产品设计师需要掌握的商业经营能力可以分为三类：市场调研与数据分析能力、产品生命周期管理和商业决策参

与能力。

①市场调研与数据分析能力要求设计师了解需要解决的问题是什么、需要服务的对象是谁，以及从哪种角度来解决问题是有效且可行的。

市场调研是产品设计师应当首先掌握的关键技能，也是产品设计流程中的一项重要环节。一个合格的产品设计师需要学会使用各种工具和方法来收集和分析数据，以深入了解市场需求、竞争环境和用户行为，其中包括用户分析、竞品分析等多个方面。在进行正式的设计工作前，产品设计师必须要对市场的需求、规模、趋势等要素有着清晰的认知，并且对目标用户、竞争者、合作者等利益相关者有着详细的了解，才能使自己的设计产品在残酷的市场竞争中占有一席之地，避免闭门造车的问题出现。这就要求产品设计师学会对市场、用户、竞品等要素进行充分的调研和分析，分析这些数据并将其为设计提供信息（图6-13）。

著名设计学家唐纳德·诺曼强调设计应该"以用户为中心"，因为用户是产品设计的直接使用者，也是实际购买产品的消费者。产品设计的核心并不是设计的产品，而是产品的使用者，一切设计活动都应围绕用户展开。因此，了解用户的需求和痛点，是产品设计环节中重中之重，而如何清晰准确地了解用户需求，也是对产品设计师的用户调研能力的考验（图6-14）。用户调研的方法有很多，包括问卷调查法、田野调查法、用户访谈法、焦点小组法、用户测试等。例如，问卷调查法是使用写有若干问题的问卷收集用户对于某个产品或服务的看法；焦点小组法是将一小群用户和设计师召集起来讨论产品并提供反馈的方法；用户访谈法是与单一用户进行一对一的深入交流，了解用户的真实想法；用户测试即邀请一些用户进行产品原型的测试。这些方法虽形式不一，但都有着相同的内核，便是定义目标用户群体、接触目标用户、倾听用户声音、总结归纳用户的需求和痛点。一旦完成用户调研，产品设计师需要分析这些调研数据，获得有关目标用户的洞察，了解他们的需求和偏好，从而指导产品设计和改进决策，创造出能够满足真实用户需求的产品。

图6-13　市场调研与数据分析

图6-14　用户调研

俗话说："知己知彼，百战不殆"，市场也是某种意义的战场，只有了解竞争对手才能够让自己立于不败之地。产品设计的领域也是如此，了解和分析市场上现有的相似竞品，也是产品设计师应该具备的商业能力之一。竞品分析的目的就是帮助设计师了解行业现状、认识竞争对手、明确自己产品的定位，将自己的产品和竞争者区分开来。首先，产品设计师需要了解整个行业的现状，明确自己的设计应该从哪个方面入手；其次，设计师需要确定直接的竞争对手，以及任何为目标受众提供类似解决方案的间接竞争对手；最后，设计师可以通过各种调研对这些竞争对手进行研究，收集他们产品的信息，包括他们的产品特点、设计、定价、目标受众和营销策略等方面。例如，竞品分析的一种方法是SWOT分析法，即从优势（strengths）、劣势（weaknesses）、机会（opportunities）、威胁（threats）四个方面分析自己产品相对于其他竞品的状况（图6-15）。另一种方法是产品特征分析，即创建一个特征矩阵，将自己的产品与竞争对手进行多方面的比较，可以帮助确定市场上的差距，以及明确自己产品与众不同的地方。产品设计师还可以分析竞争对手的营销策略，包括他们的品牌和社交媒体，这可以帮助认识成功的营销策略，并将其应用于自己的产品。通过竞品分析，设计师能够了解到同类产品的特点，学习已有的成功案例，进而为自己的产品设计提供参考，取其精华去其糟粕，获得拥有独特竞争优势的设计，避免失败案例的复现。

②产品生命周期管理是指产品从概念设计到退出市场的整个生命周期过程中的管理和决策（图6-16）。

产品设计师在产品生命周期管理中起到关键作用，需要了解和应用产品生命周期管理的原则和方法，以确保产品的成功和持续发展。在产品研发阶段，产品设计师负责将概念转化为具体的设计，考虑产品的功能、外观、用户体验等方面，需要与研发团队合作，将市场需求转化为可行的设计方案。产品设计师在产品上市推广阶段的角色是确保产品能够引起用户的关注和兴趣。设计师需要与营销团队合作，开发与产品设计和品牌定位一致的营销策略，通过产品的设计和包装等方面的创新来吸引消费者，以获得市场份额和用户认可。在产品成熟阶段，产品设计师需要持续关注市场变化和用户反馈，并对产品进行改进和优化。另外，设计师还需要考虑产品的可维护性和可升级性，以确保产品在市场上的竞争力和可持续发展。当产品进入衰退阶段时，设计师需要考虑产品退出市场的决策，例如

图6-15　SWOT分析法

评估产品的市场表现和竞争优势，并与决策者合作，确定是否继续投资于产品的推广和改进，或者决定逐步退出市场。产品设计师不仅要在产品的设计阶段进行创新，在产品的整个生命周期中都要保持一定的关注，对产品生命周期进行全面的了解和管理，这样才能确保产品具有持续的竞争力，为企业创造长期价值。

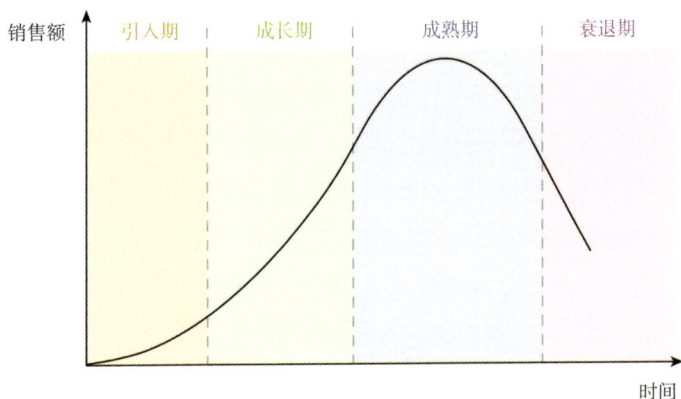

图6-16　产品的生命周期管理

　　③在产品设计师的角色中，商业决策参与能力也是至关重要的一项能力。

　　商业决策参与意味着设计师需要在产品的定价、营销和分销等商业决策中发挥积极作用，并为这些决策提供设计视角和专业建议。首先，产品设计师应该了解产品定价策略的重要性，考虑产品的成本、价值和竞争环境，并通过对产品特点和目标市场的理解，与企业决策者合作，为产品的定价提供专业建议。其次，产品设计师需要为产品的市场定位和营销传播策略提供设计视角，根据产品的设计特点和目标用户的需求，提供关于品牌形象、市场定位、宣传材料设计等方面的建议。最后，产品设计师还需要参与渠道选择和分销策略的决策过程，通过与企业的销售团队合作，设计师可以确保产品能够以最有效的方式进入市场，并达到销售目标。市场营销也是产品设计师商业经营能力的重要一环，这意味着设计师在熟悉自己产品的市场定位后能够对目标用户进行产品的营销，并且吸引潜在用户，扩大受众群体，进而让自己的设计发挥出最大的价值。为了尽可能通过营销增加产品的附加价值，产品设计师需要帮助企业确定最适合产品销售的渠道，如线上销售、实体店铺、分销合作伙伴等；能够为产品设计制定和实施推广计划，如广告、促销等，提高产品曝光度和销售量，并提供有关产品展示、包装和陈列的设计建议；了解沟通技巧和情绪智商等方面的知识，能够有效地与合作伙伴合作，以及与客户建立良好的关系。

　　另外，产品设计师还可以帮助企业管理产品品牌，确保产品的品牌形象与市场需求保持一致，并在竞争激烈的市场中脱颖而出。品牌建设是市场营销中的一个高效方法，

品牌是一个企业经过长年累月积累的重
要资产，可以帮助企业树立良好的形
象，提高产品知名度，增强消费者对产
品的信任感和忠诚度。茶颜悦色凭借精
准定位和创新营销，成为茶饮行业的品
牌典范（图6-17）。以"中茶西做"为
理念，茶颜悦色推出"幽兰拿铁"等特
色饮品，融合传统文化元素，营造古风
氛围，传递"越中国，越时尚"的品牌

图6-17 茶颜悦色门店

主张。通过社交媒体发布精美内容，吸引粉丝关注，推出"永久求偿权"服务，增强信
任，结合促销活动，提升知名度和美誉度。出色的产品设计与优秀的营销策略相辅相
成，共同促进公司的发展，建立起深入人心的品牌形象，让消费者对其产品产生了高度
认同感和忠诚度。品牌建设需要在产品设计、市场推广、客户服务等方面进行全面规划
和管理，这正是产品设计师需要具备市场营销能力的原因之一。

综上，产品设计师在提高设计能力的同时也应培养商业经营的能力，将自己的设计
视角与商业目标相结合，有利于增加设计产品的附加价值，为产品的商业成功和市场竞
争力提供有力支持；对于个人来说也有利于了解宏观全局，拓展知识面，提高知识水
平，进一步成为全面发展的设计人才。

6.4 设计×整合创新能力

整合创新能力是指产品设计师在产品设计的过程中能够从多个角度、多个层面、多
个领域进行思考和创造，形成具有系统性、综合性、跨界性的创新解决方案。这种能力
不仅要求设计师具备多个领域的知识和技能，还需要他们具有系统性创新思维。

跨学科知识的整合是产品设计师整合创新能力中的重要组成部分。随着时代发展，
需要解决的问题日益复杂，现代产品的设计和开发不再是单一领域的事物，一个完善的
产品设计流程中，除了需要利用设计知识和美学知识，还需要加工工艺、生产材料等工
程知识，以及市场学、心理学、社会学等多个学科领域的知识。仅依靠产品设计师掌握
的设计知识已无法满足实际问题的需要，这时便需要其他领域的专业人士紧密合作，以
实现产品设计的优化。工程师、市场营销人员等不同背景的专业人士之间的跨界合作，
为设计师提供了宝贵的洞察力和创新机会。这种合作可以促进不同领域的知识交流和跨
学科的思维碰撞，激发创新想法，推动产品设计的突破（图6-18）。

图6-18　跨学科合作

　　汽车作为一种非常复杂的大型产品，从概念到设计，从生产到销售，都需要牵扯很多方面的知识，不仅需要不同学科背景的团队成员的相互配合，还需要每个成员对于整体项目流程的良好认知。以特斯拉电动汽车为例，它的诞生整合了大量不同的学科内容。首先，为了给汽车提供动力，工程设计师需要整合电机学、热力学等学科知识，解决电能驱动和电能储存的问题。其次，制造汽车车身需要选取合适的材料和生产方式，选择强度高、重量轻、寿命长的材料并构建生产线，需要物理学、材料学、机械设计、自动化等多种学科知识。如特斯拉的 Model 3（图6-19）和 Model Y 采用了钢铝混合材料，车身的不同部分使用不同类型的钢材或铝材，如何选择和测试不同部件的材料，保证用户安全的同时尽量减少成本，都需要设计师的仔细考究；且特斯拉自主研发了高度集成的自动化生产线，上海工厂每45秒便有一辆 Model Y 下线，这离不开生产流程和加工技术精密的规划和设计。再次，在汽车的外观设计上，设计师既要考虑汽车的美观程度，与公司理念相匹配，还要对空气动力学、加工工艺等方面有所了解，让车满足消费者的美学需求的同时保证实用性。而在汽车人机交互的体验设计中，特斯拉大胆地摒弃传统车辆空间的交互形式，大量舍弃物理按键，将大部分控制功能转移到操作面板中央的触控屏幕上。设计师该如何合理搭配物理按键和触屏对应的功能，不改变用户习惯的同时提升用户的驾驶体验，需要交互设计、人机工程学知识的交融。最后，特斯拉引以为豪的智能车载系统包含了自动驾驶、计算机视觉等人工智能技术，如何将这些新技术完美地融入用户的使用习惯中，需要设计师在交互知识和计算机技术之间认真考量。由此看出，诸如汽车这样大体量产品的设计需要各领域知识的整合，也需要产品设计师对多种领域都有一定的了解。

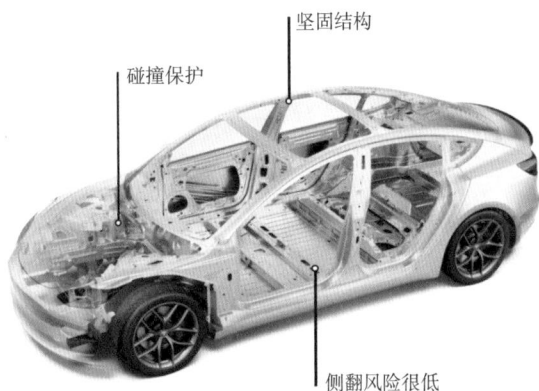

图 6-19 特斯拉汽车 Model 3

除了跨界合作，产品设计师的整合创新能力还要求系统性创新思维，即系统性思维与创新思维的结合，通过对系统和其组成部分的深入理解和分析，以及对不同领域的知识和技能的整合，发现和解决问题的新方法和新途径。系统性创新思维的训练有助于设计师跳出思维定势，发现系统中潜在的问题，避免孤立地看待局部问题，防止考虑不周的情况出现。产品设计师通过掌握系统性创新思维，能够深入挖掘用户的需求和痛点，从用户的心理、行为和环境等多个角度来考虑问题，获得更准确、更深入的用户需求；将产品设计过程视为一个整体，理解不同组成部分之间的相互依存关系，调整多个组成部分之间的关系来改善整个产品的性能和用户体验；不仅仅关注问题的表面特征，而是从更广泛的视角理解问题，探究问题的根本原因；还能够以全局的视角审视当前的设计问题，获得新的灵感、探索新的设计领域，并将不同领域的知识和技能整合起来，通过跨学科、跨领域的整合促进产品的创新和发展。

总之，产品设计师的整合创新能力在当今竞争激烈的市场中具有重要意义，通过与不同领域的专业人士的跨界合作，并借助创新工具和方法，设计师能够实现产品设计的优化，提升用户体验，推动创新突破。通过不断加强这种整合创新能力，产品设计师可以更全面地了解产品和用户需求，发现问题并解决问题，同时也能够推动产品的创新和发展，创造出更具竞争力和商业价值的产品。

6.5 创新设计能力与教育

创新设计能力是一种跨学科的能力，涵盖了创造性思维、问题解决能力、实践能力、团队合作等多个方面，是现代社会中越来越重要的一项能力。创新设计能力不仅是产品设计师的需求，也是各行各业的设计或工程人员都需具备的核心素养。创新设计能力的重要性不言而喻，但如何有效地培养出多学科知识学习、多方面能力全面发展的设计师成为一个重要难题。

6.5.1　创造性思维

创新设计能力教育的核心要素是创造性思维的培养，它强调在解决问题和面对挑战时采用独特和非传统的方式思考和行动。创造性思维不仅是一种天赋，也是可以通过后天教育和培养来提升的。首先，学校通过培养学生的创造性思维，可以激发出他们的想象力和创新灵感，鼓励他们去挑战传统观念和方法，从而创造出独特的设计解决方案。创造性思维使学生能够从不同角度思考问题，追求新颖和有趣的设计，从而在创新设计中脱颖而出。其次，创造性思维有助于培养学生的问题解决能力。创新设计领域常常涉及复杂和未知的问题，创造性思维可以帮助学生培养对问题的深入思考、分析和综合能力，从而能够更好地应对复杂的设计挑战，并找到创新的解决方案。

斯坦福大学的哈索–普拉特纳设计学院（简称D.School）是世界顶尖的设计学院之一（图6-20），它的使命是帮助人们释放自己的创造力并应用于世界。该学院相信设计能够帮助创造我们希望的世界，改变我们看待自己和他人的方式，认为设计不应成为小部分人的特权，设计的方法能够被所有人所用，并且所有人都有创造的潜力。该学院总结出了培养学生的八项核心能力：

图6-20　斯坦福大学哈索–普拉特纳设计学院 D.School

①模糊导航（navigate ambiguity）：这是要求学生在不了解的环境中具备辨识和坚持下去的能力，并在需要时制定战略以克服环境的不确定性。

②向他人学习［learn from others（people and contexts）］：这要求学生在设计项目中需要与他人合作交流，接受不同的观点。

③综合信息（synthesize information）：这是理解信息并从中找到洞察力和机会的能力，对学生的逻辑归纳能力有着较高要求。

④快速实验（experiment rapidly）：这种能力需要学生能够快速产出想法，不管是通过文字、绘画还是手工的方式。

⑤在抽象与具体间转变（move between concrete and abstract）：这要求学生能够在抽象的创意概念和实际的具体需求中找到平衡点，以便定义产品或服务的特性。

⑥有意识地建造和制作（build and craft intentionally）：这种能力需要学生熟悉自己领域的创作工具，以最合适的方式向他人展示作品并提供有效的反馈。

⑦有意沟通（communicate deliberately）：这是一种将故事、想法、思考、学习等内容有效地传达给观众的能力。在实践式教育中，沟通和讲故事是非常重要的。

⑧设计你的设计作品（design your design work）：这种能力是指将项目识别成设计问题并决定解决它所需的人员、工具、技术和流程。这是一项综合性能力，需要长期的锻炼和学习。

6.5.2　问题解决能力

即使世界上的问题往往是复杂且混乱的，但哈索-普拉特纳设计学院认为设计可以应用于所有类型的问题，为此不断研究并传授相关的技能和方法，其中最具盛名的一项教学内容便是设计思维（design thinking）。设计思维是一种以人为本的思维方式，本质上是一种通过推理和直觉来解决复杂问题的创新方法。它的思维流程主要分为五个部分：共情（empathize）、定义（define）、设想（ideate）、原型（prototype）和测试（test）。在最初的共情环节，学院要求学生做到三点：观察（observe）、接触（engage）和沉浸（immerse）。即首先观察用户的行为并了解用户的动机，其次与用户进行接触同时了解用户的想法，最后去亲身体验用户的所作所为，获得对于问题的共情理解。只有做好共情部分，学生才可以清楚地了解到用户体验中的问题所在，确保团队对场景有明确的认知，进而进行随后的设计环节。在清楚目标用户后，学生们被要求定义出问题，作为共情环节的归纳，并确定团队的目标，为接下来的一系列流程确定计划。在第三阶段，学生们被要求发散思维，跳出固有思维，利用头脑风暴等方法进行创意的设想，尽可能多地获得想法或解决方案。原型环节是一个实验环节，学生被要求综合已有的内容进行产品原型的制作，用最短的时间和成本做出简单版的解决方案，同时重新审视问题，找到问题的最优解。最后一步便是测试所得到的解决方案，严格测试该产品是否能够解决先前提出的问题，并不断回到先前的步骤对产品进行迭代改进，直到得到最终的最优解。通过这样的设计思维训练，学院期望学生锻炼自己的思维方式，在遇到任何领域的任何问题时都能够跳出传统的固有思维，找到新颖而高效的方法。

6.5.3 实践能力和团队协作能力

除了创造性思维的培养，学生的实践能力和团队协作能力也是创新设计教育的重要一环。实践能力的锻炼可以帮助学生将理论知识应用到实际设计项目中，培养解决实际问题的能力，从而加深对设计方法的理解和掌握，进而激发创新灵感，培养创造性思维。同时学生通过锻炼实践能力可以积累实际经验，从而更好地适应职场和社会中的实际工作环境，更加熟练地应对各种实际问题和挑战。而团队协作能力的培养可以为学生提供一个多元化的合作平台，帮助学生吸收来自不同背景和专业领域的观点。实际问题对于个人而言通常过于复杂，而团队协作有利于帮助学生从多个角度思考问题，综合不同资源和知识来寻找解决方案，这种解决复杂问题的能力对于创造性思维的培养至关重要。另外，学生通过与他人的合作可以更容易地发现自己的问题，团队成员之间相互反馈和帮助，有助于每个人的成长发展。

随着现代化工厂的普及，大学里也出现了系统化的现代工程教育，将科学理论与实践结合，重视学生的实践能力和团队协作能力，譬如麻省理工学院最初便是为了培养解决实际问题的人才所创办的，其实用知识的教育理念至今在世界范围内被广泛接受。很多大学近年来也纷纷设置实践课程，不断增加实践知识在学生成绩中的比重，有的学校会设立专门进行实践教学的学院，致力于将手工技能等实践经验逐步提升到与理论知识同等的地位，培养"文武双全"的人才。富兰克林欧林工程学院（简称欧林工学院）便是将培养学生实践和团队协作能力发挥到极致的一所大学（图6-21），这所创建于1997年的年轻大学，却在短短二十余年后成为与麻省理工学院、斯坦福大学等名校比肩的工科大学，被《普林斯顿评论》评为2020年度最有价值的学院。

欧林工学院的办学目的是改变传统的"先理论后实践"教育模式，探索工程教育改革的新方式，从而培养出新一批工程创新人才。欧林工学院在学生的本科四年内全程实行"课程＋项目"的新范式，以创新性实践思维和动手能力训练为目标，将实践居于主导地位，让学生在项目中学习课程知识[1]。该教学模式以实践为指向，以学生为中心，既是一种实践形式也是一种学习方法，将不同学科知识与真实世界的需求结合起来。学生参与真实的实践性项目，培养用设计思维去发现问题、描述问题和定义问题的能力，然后综合运用数理、自然科学等知识去设计解决问题的方案，最终生产出具有人文价值

---

❶ 袁广林：《欧林工学院：工程教育的一种新范式》，《高教探索》，2022年第1期。

图6-21　欧林工学院

和商业价值的创新产品。这种模式颠覆了以课程为主导、以教师为核心的被动学习模式，充分调动了学生的积极性，学生不仅能够从学校学到课程知识，还能够主动发现和创造知识来促进自己的项目，理解理论知识的同时输出实践成果，实现了工程教育中对专业实践的回归。

　　欧林工学院非常注重跨学科思维和团队合作能力。欧林工学院认为知识并无界限，学科相互分离阻碍了知识的传播，以学科为界限进行教学容易产生学科思维的禁锢，难以解决现实生活中的复杂问题。因此，欧林工学院并不按照传统专业设置院系，而只设有工程学、电子及计算机工程、机械工程三个大类，学生可以灵活选择自己专注的领域，根据个人兴趣制定自己的专业和培养计划。来自不同背景的学生以5人一组的形式组成团队，以项目合作的形式进行课程的学习。在项目实践的过程中，学生被培养从不同的专业视角审视问题，养成跨学科的思维方式，把不同学科的知识融合起来解决问题。同时，团队成员之间需要分工合作，学生需要学会如何与他人沟通、如何表达自己的观点并倾听他人的意见、如何化解矛盾和冲突等合作能力。通过不同思想观念的碰撞以及不同学科知识的结合，学生不仅能够锻炼实践创新能力，还能够提升社交沟通和团队合作能力，这些能力对于工程创新人才的培养是不可或缺的。

　　除此之外，欧林工学院还注重于培养学生的设计思维、商业思维以及艺术人文社会意识。欧林工学院将设计思维的培养贯穿教育始终，在本科四年间设置了一系列的设计课程，同时各类项目实践中也有意锻炼学生的设计思维。欧林工学院提出了新工科人才培养理念的"欧林三角"，将工程创新人才的教育方式分成三个模块：工程教育、艺术人文社会教育和创业教育（图6-22）。除了学习坚实的工程基础知识，学生在学习阶段中必须获得艺术人文社会和商业相关课程的学分。通过学习商业课程，学生需要了解商业的运作规律，考虑成本、资源配置、市场效益等多方面因素，学习如何将创新成果转化为商业财富。在工程教育中插入艺术人文社会教育，可以培养学生的伦理道德，使学生形成正确的价值观和世界观，承担起应有的社会责任，为人类做出贡献。正是这些革新的教育理念，使得欧林工学院在短短二十年里逐渐成为引领美国乃至世界的教育改革指向标。

在斯坦福大学设计学院和欧林工学院的培养方案中，我们可以看到一些共同之处：创造性思维、实践能力、团队协作能力，以及商业、艺术、人文等多学科知识的融合，这些要素正是设计创新设计能力教育的关键要素。随着第四次工业革命的到来，产业转型速度加快，为了保持竞争优势，我国的创新教育也应向世界看齐，重视创新设计能力的教育，探索以实践为主导的教育新模式，培养复合型创新人才，推动建设创新型国家。

工程教育
（Superb Engineering）

艺术人文社会教育
（Arts）

创业教育
（Entrepreneur ship）

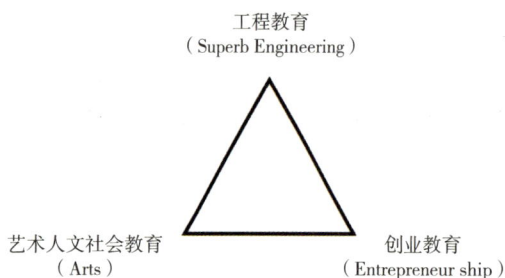

图6-22 欧林三角

6.6 产品设计与社会责任

工业与设计为人类创造了现代先进的生活方式，但也加重了环境的负担。到了二十世纪人们逐渐意识到工业化对于生态和资源的影响，按照当前的发展情况，人类的未来必将面临严峻的资源冲突。联合国提出了17个可持续发展目标（图6-23），希望在共同的努力下为世界创造可持续的未来。而我们作为一名专业的产品设计师，同时也是世界的一员，在产品设计的过程中应承担重要的责任，因为产品设计师的决策和选择直接影响着产品对环境、用户和社会的影响。

著名设计理论家维克多·巴巴纳克（Victor Papanek）在著作《为真实世界而设计》中提出"设计的最大作用并不是创造商业价值，也不是包装和风格方面的竞争，而是一种适当的社会变革过程中的元素"。他强调设计应该为广大人类服务，而不仅是为少数富裕国家服务；设计不但需要考虑健康人的需求也应为残疾人服务；设计师应认真考虑地球有限资源的使用问题，为保护地球的有限资源而服务。维克多·巴巴纳克提出的设计伦理在世界能源危机爆发后很快得到了认可，成为现代产品设计师必须了解并践行的

图 6-23　联合国提出的 17 个可持续发展目标

理论。产品设计师应秉承的社会责任可包含以下几个方面：可持续设计、无障碍设计和
包容性设计。

6.6.1　可持续设计

可持续设计是产品设计过程中考虑到环境和社会可持续性的一种理念，产品设计师
应当以人与自然环境的和谐共处为前提，设计的产品、服务和系统既能满足当代人需求
又能保障子孙后代永续发展。可持续设计首要关注的问题便是设计对于环境的影响，强
调设计应当减少对环境的负面影响，包括减少自然资源的消耗、减少能源的使用、降低
废弃物和污染物的产生等要素。产品的生命周期管理是可持续设计中的一个重要概念，
它涉及产品从原材料采购、产品设计、生产制造、使用阶段，到最终的循环利用和废弃
处理的整个生命周期过程。通过全面考虑和管理产品在各个阶段的环境影响，生命周期
管理有助于最大限度地减少资源消耗、废物产生和环境污染。

生命周期管理的第一步便是评估和管理产品的原材料采购，设计师应该优先选择
可再生材料、回收材料或具有较低环境影响的材料，如竹木、可再生纤维或生物基塑
料，以减少对有限资源的依赖；同时考虑材料的供应链和采购方式，以确保符合社会责
任和可持续性的准则。在可持续设计中，材料的选择是至关重要的一步，合适的材料既
可以显著减少产品对于环境的负面影响，也能够为产品带来环保、自然的情感属性。沃
尔沃汽车作为全球知名汽车制造商，始终将可持续发展贯穿于产品设计与生产全过程
（图 6-24）。其制定了严格的材料采购标准，确保所有材料符合环保与可持续性要求，
并致力于到 2025 年实现新车中 25% 材料来自可回收和生物基材料的目标。在产品设计

图6-24　沃尔沃 XC 60 PHEV 车型

中，沃尔沃不断创新，如 EX30 采用羊毛混纺座椅、亚麻饰板及亚麻与丹宁材质内饰，同时研发出咖啡渣与聚丙烯复合制成的新型内饰材料，还通过再生塑料座椅等方式减少资源消耗。此外，在沃尔沃 XC60 T8 PHEV 车型中，内饰座椅采用了再生塑料制成，进一步体现了沃尔沃对可持续材料使用的坚定。沃尔沃还推行再制造零件计划，2022年通过再制造3.3万吨零件，减少了4800吨二氧化碳排放。在供应链管理上，通过"百家绿电"项目推动供应商使用清洁能源，截至2024年9月已有100家供应商落实清洁电能使用。沃尔沃的可持续设计不仅减少了环境影响，还提升了用户健康与舒适体验，展现了其对可持续发展的坚定承诺与创新精神，为汽车行业树立了标杆。

在产品的设计过程中，设计师应当考虑长期使用的严苛需求，最大限度地减少维修次数，打造经久耐用的产品。产品寿命长久不仅为客户带来更好的体验，为企业带来更好的口碑，同时也减少了资源的使用。华为的可靠性测试实验室会根据严格的耐用性标准测试产品的设计及材料、组件的性能，模拟用户的使用场景，充分了解用户的使用需求，评估设备的各种性能，以提高产品的可用性，为下一轮改进设计提供参考。例如，华为 Mate 系列手机在设计过程中，经过了一系列严苛的测试（图6-25）。实验室模拟了用户在日常使用中可能遇到的各种场景，包括从不同高度跌落到水泥地面、大理石地面等不同材质表面的跌落测试，以及在高温、低温、高湿度等极端环境下的性能测试，Mate 70 Pro+ 甚至进行了火箭冲击测试以保证耐用性。此外，华为还对 Mate 系列手机进行了防水防尘测试，确保其在接触液体或灰尘时仍能正常工作。例如，华为 Mate 50 系列经过了 IP68 级防水防尘测试，能够在1.5米水深下浸泡30分钟而不损坏。这些测试帮助华为优化了 Mate 系列的设计，使其在耐用性方面表现出色，从而延长了产品的使用寿命。

在产品的生产制造阶段，可持续设计关注的是减少能源消耗、优化生产流程和降低废物产生，产品设计师不仅可以通过优化产品的能源需求，使用高效的电子元件和节能技术，来减少产品在制造、使用和处置阶段的能源消耗，也可以将再生能源整合到产品设计中，节约有限资源的同时减少对环境的污染。吉利汽车西安智能工厂是汽车行业智能制造与绿色生产的杰出代表，充分展现了企业在可持续发展方面的创

图6-25　华为 mate 70 pro+

新实践。该工厂通过高度自动化和智能化的生产流程，将清洁能源利用、资源节约和污染减排的理念深度融入生产环节，实现了高效生产与环境保护的双赢。

在生产模式上，西安智能工厂实现了全自动化生产，大量机器人承担了焊接等关键工序，自动化率高达100%，极大地提升了生产效率并减少了人工操作带来的能源浪费。工厂能够实现24小时不间断运行，且在生产过程中几乎无须人工照明，仅在最终质量检测环节保留必要的人工干预，这种独特的"黑灯工厂"模式不仅节约了大量能源，还显著降低了生产成本（图6-26）。工厂的生产线具备高度的柔性化，能够同时兼容燃油、混合动力和纯电动等多种动力类型的车型生产，兼容性极强。这种柔性化生产模式使得工厂能够根据市场需求快速调整生产计划，有效减少因生产切换带来的资源浪费和能源消耗。工厂能够实现多款车型的共线生产，大大提高了生产的灵活性和效率。

在节能减排方面，西安智能工厂通过优化工艺流程和采用先进的节能技术，大幅降低了生产过程中的能源消耗。工厂引入了智能化的能源管理系统，能够实时监控和优化能源使用，确保能源的高效利用。在工厂建设过程中，还充分考虑了可持续发展要素，例如采用高效的保温材料和节能设备，显著减少了建筑物的供暖和制冷需求。

依托先进的5G工业互联网平台，结合ERP和MES等信息化系统，西安智能工厂实现了生产全流程的智能化管理。通过这些技术，工厂能够实时监控生产进度、设备状态和能耗情况，从而实现精准调度和优化生产。这种智能化的管理模式不仅提高了生产效率，还减少了因设备闲置或低效运行带来的能源浪费。

吉利汽车西安智能工厂的实践表明，通过高度自动化、智能化和柔性化的生产方式，企业不仅能够提高生产效率和产品质量，还能显著减少能源消耗和环境污染。这一案例为汽车行业的可持续发展提供了新的思路和范例，展现了企业在推动绿色制造方面的巨大潜力，为行业树立了新的标杆。

图6-26　吉利西安黑灯工厂

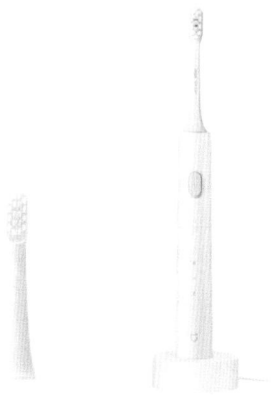
图6-27　小米电动牙刷

虽然产品设计应该尽力避免产品损坏的情况发生，在产品的使用过程中一定会出现产品损坏需要维修或更换配件的情况，这时需要产品设计师提前考虑提供维修和维护服务的可能性。将产品设计成易更换易维修的形态，有助于避免不必要的产品部件替换，延长产品的使用寿命和性能，减少废弃物产生，同时减少资源消耗。小米电动牙刷在设计上充分考虑了用户体验和产品的可持续性（图6-27）。其核心部件——刷头，采用了可更换设计。刷头通过简单的卡扣结构与电动牙刷主体相连，用户可以在刷头磨损或到期后轻松更换新的刷头，而无需更换整个电动牙刷。这种设计不仅降低了用户的使用成本，还减少了因频繁更换整机而产生的电子垃圾。此外，小米还提供了多种刷头类型，包括标准刷头、敏感刷头和儿童刷头，满足不同用户的需求。通过这种模块化设计，小米电动牙刷在保证功能的同时，也提升了产品的可维修性和环保性。

在产品生命周期的结尾，设计师应当思考产品在终止使用后如何使产品的材料和组件能够被回收和再利用，以及废弃产品的无害化处理，最小化产生的环境污染。这可能涉及设计易于拆卸和分解的产品，标记材料的可回收性，建立回收和循环利用的渠道等。通过将废弃物转化为有价值的资源，既能够减少对原材料的需求，也能够减小对环境造成的影响。海尔是中国领先的家电品牌，致力于推动家电产品的全生命周期管理和可持续发展。海尔构建了"回收—拆解—再生—再制造"的循环利用闭环体系，过自建渠道和建设回收网点提升回收效率。海尔在山东莱西建立了全球家电行业首个再循环互联工厂，年拆解产能达300万台废旧家电，综合循环利用率达到95%。此外，海尔与生态环境部共建国家级再循环产业大数据平台，利用互联网和人工智能技术实现全流程可追溯管理。海尔还注重产品的绿色设计，从源头上考虑材料的易回收、易拆解和易利用，通过绿色设计、制造、包装、运输和使用等6-Green战略，将低碳节能理念融入产品全生命周期。海尔优先选择可降解或可回收的绿色包装材料，减少物流环节的碳排放。通过这些措施，海尔在2022年成功回收并处理了大量废旧家电，推动了资源的循环利用，减少了对原材料的需求，为家电行业的可持续发展树立了标杆。

6.6.2　无障碍设计

除了可持续设计的意识外，产品设计师社会责任要求在设计产品时应考虑到残障人群的需求，使产品对于健康人群和残障人群都能够使用，即无障碍设计。无论是身体残障、视觉障碍、听觉障碍还是认知障碍，设计师都应该设法消除设计上的缺陷，并提供适当的解决方案，确保每个人都能够轻松地使用产品。据世界卫生组织统计，全球有13亿人患有严重残疾，约占全球总人口的六分之一，除此之外，轻微残疾或有不同程度障碍的人群更是不计其数，且老年人也是残障人群的一大组成部分。这些人群就生活在我们身边，且和我们一样有着娱乐、出行等生活需求，但现在大多数产品仅仅考虑到了健康人群的使用场景，而将残障人群的需求完全忽略。无障碍设计的核心便是关注用户的需求和能力多样性，设计师需要从多个角度考虑用户，包括身体能力、感官能力、认知能力和交流能力等，尽可能让残障人群获得等同于健康人群的体验。

　　无障碍设计可能涉及设计易于操作的界面、提供多种输入方式、考虑到用户的不同需求和能力等方面。在设计用户界面时，设计师应尽量简化操作步骤，提供明确的指导和反馈，让用户能够轻松地理解和使用产品。对于那些具有认知障碍或学习困难的用户，清晰的指示和简洁的界面设计可以降低他们的认知负荷。例如谷歌公司官方推出的应用程序实时转录与通知（Live Transcribe & Notification），其应用界面和操作方式极其简单，仅需点触一次即可将环境中的人声和环境声音转化成文字，方便听障人群获得声音信息（图6-28）。依靠谷歌公司强大的语音识别技术和翻译技术，实时转录与通知可以轻松识别人声并翻译，同时也可以识别环境声（如敲门声、动物叫声）并及时提醒。语音识别技术已经非常成熟，相关产品也并不少见，但该应用程序最大的优势在于其专门为听障人群设计，界面简洁且操作简单，内置于谷歌手机系统中方便调用，且无须登录注册或付费。

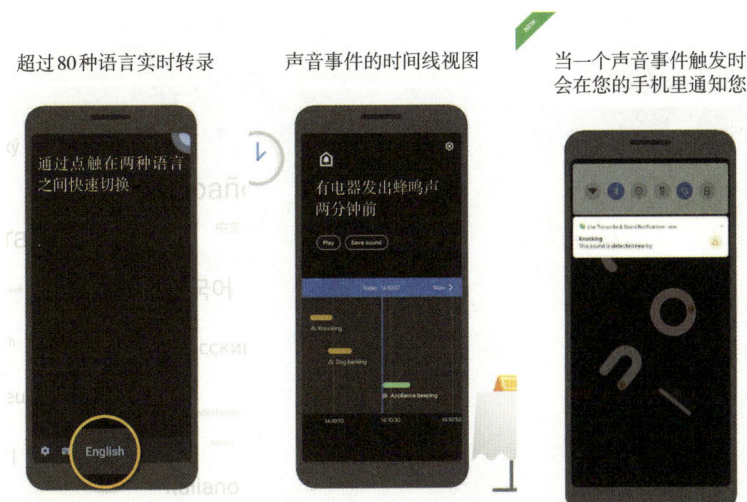

图6-28　谷歌公司推出的应用程序实时转录与通知
（Live Transcribe & Notification）

　　残障人群的残疾程度往往因人而异，不同用户有着不同的需求和能力，设计师在设计无障碍产品时应当考虑他们的多样性。产品设计师在设计产品的交互方式时，除了常见的触摸屏幕或键盘输入外，还应考虑提供更适合残障人群的输入方式，如更大的按钮、语音输入、手势控制或眼动追踪等，以满足由于各种类型的身体残障而无法使用传统输入设备的用户的需求。微软公司的Xbox系列产品是全球著名的游戏设备，其理念是让所有人都能够享受游戏的乐趣，然而健康人使用的手柄对于肢体残障人群来说过于复杂。于是，微软公司设计了一款无障碍游戏控制器Xbox Adaptive Controller，其最大的特色便是控制器本体提供了大量的接口，每个接口对应一个输入指令。微软公司同时推出了各式各样的控制设备供用户选购，例如不同尺寸的按钮、扳机、脚踏板、操纵杆等，用户可以自由选择适合自己的控制设备，然后将其连接到控制器本体上，以实现不同种输入指令的操作方式。这种模块化的设计能让不同残障人士根据自身需求个性化定制自己的游戏手柄，和健康人一样享受游戏的乐趣。另外，该无障碍手柄的外观设计简洁大方，和普通游戏手柄的风格一致，有别于传统的"残疾人专用"设备，能够减少抵触感，从心理上让残障人士感受到平等和关怀（图6-29）。

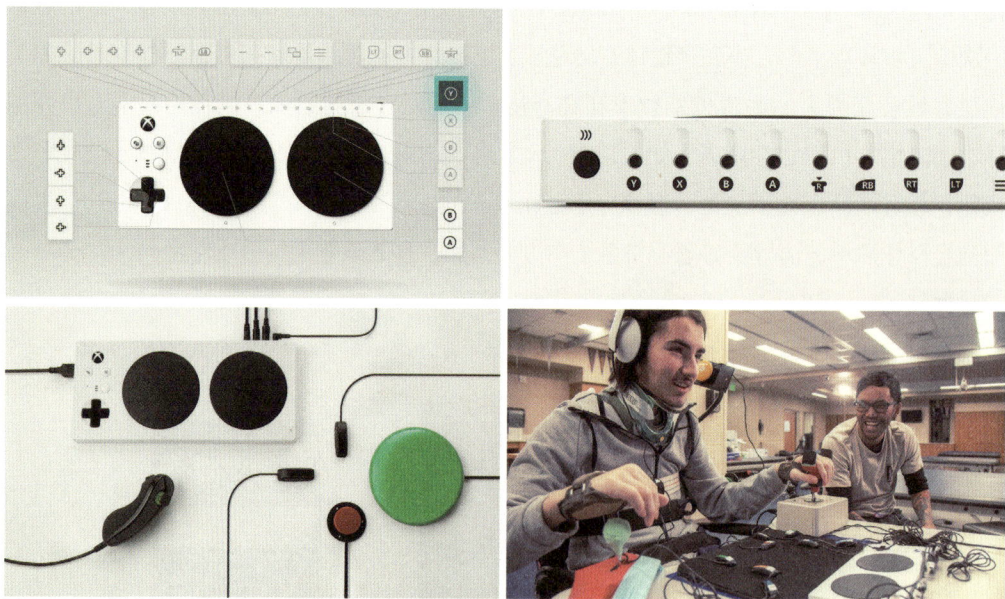

图6-29　微软公司推出的无障碍游戏控制器

6.6.3　包容性设计

与无障碍设计的概念类似，包容性设计是指在产品设计过程中考虑到不同用户群体的需求和偏好，包括文化、背景、年龄、性别、能力等方面的差异，以确保产品可以满足广泛的用户群体，而不会造成任何形式的排斥或歧视。包容性设计的目标是创造一个包容性、可接受和受欢迎的产品环境，使每个人都能够轻松地使用和享受产品的好处。

例如，在设计国际化产品的网站或应用程序时应该提供多种语言选项，并确保使用图标和符号的含义是全球通用的，以避免文化误解和障碍。又如很多应用软件都提供了"大字模式""青少年模式"等特殊设计的界面，分别针对老年用户群体或青少年用户群体进行了特殊设计（图6-30）。采用更大的字体和按钮、提供更清晰的界面反馈，帮助老年人更容易地使用产品。对于儿童用户，界面和内容的设计更符合他们的认知水平和兴趣，同时保持安全性和合适度。

图6-30　支付宝App的普通模式（图左）与长辈模式（图右）

拥有无障碍设计和包容设计的意识，设计师能够从新颖的角度发现问题，在解决这些问题的过程中获得新的理解。为残障群体进行设计虽然会面临投入多但收益少的限制，但由此产生的解决方案最终能惠及普罗大众。例如在视频网站中原本为听障群体设计的嵌入式字幕在一些情况下也为健康人带来了好处，为轮椅设计的人行坡道也能够为拉着旅行箱的游客或推着婴儿车的父母提供便利。通过无障碍设计和包容性设计，我们可以创造一个更包容、更可持续的社会，让所有人都能够平等地参与社会活动和享受各种产品和服务带来的好处。

综上所述，作为一名合格的产品设计师，我们在设计过程中需要承担起相应的社会责任。通过可持续设计、无障碍设计和包容性设计，我们可以创造出对环境友好、对所有人开放和适应多样化需求的产品。这不仅有助于建立一个可持续和包容的社会，还为所有人提供更好的产品体验和更高的生活质量。

第 7 章

设计创新思维方法

在今天不断变化的世界中，创新思维成为个人和组织成功的关键。无论是解决日常问题、迎接挑战还是寻找新机会，创新思维都能帮助我们超越常规，以全新的方式看待事物，并发现独特的解决方案。

本章将首先介绍设计师如何运用观察、访谈等方法来发现用户真实的需求与潜在问题。接着，我们将通过实例和案例分析，进一步阐述这些方法在揭示潜在设计问题中的重要性，并展示设计师如何通过这些方法来优化用户体验，创造更具创新力的设计解决方案。同时，我们还将探讨批判性思维和创造性思维的结合，以及如何运用系统思维和整体性思维来解决复杂的设计问题。此外，我们将进一步深入研究问题解决策略与方法，包括草图设计、模型制作、原型设计等工具的应用，并通过案例分析展示设计师如何运用这些策略和方法优化用户体验，有效解决设计难题。在设计概念的产生与评价部分，我们将探讨产生设计概念的方法，如头脑风暴、联想、类比等技术。同时，我们将介绍用户测试、可用性测试等方式，帮助设计师评估和选择最佳设计概念，确保设计的有效性和实用性。最后，我们将引介一些创新设计思维工具，如用户画像、思维导图、经验地图、原型工具等，帮助设计师更深入地理解用户需求，并快速验证设计思路。通过案例分析，我们将展示这些工具在实际项目中的应用效果。

本章的内容旨在帮助读者拓展设计思维边界，培养创新思维方法，以更好地解决现实中的设计难题，并创造出满足用户需求、具有创新力的设计作品。只有不断探索与学习，设计师才能站在时代前沿，不断推动设计领域的进步与发展。

7.1 设计问题的发现及定义

在设计上，问题的提出犹如一束光，照亮了创新的道路。它是一场启迪思维的旅程，带领我们穿越未知的迷雾，寻找着独特的答案。设计的本原方式在于发现问题、分析问题和解决问题[1]。这三个步骤是我们在设计过程中的核心活动，对于创造出有意义、有效和创新的设计解决方案至关重要。我们需要敏锐地发现问题，通过用户研究、情境分析和反馈机制等方法，深入了解用户需求和挑战。通过分析问题的根本原因和关键因素，可以获得对问题的更深入理解，为解决方案的制定奠定基础。我们需要运用创新思维方法和工具，积极尝试多种解决方案，并通过原型迭代、用户测试和反馈循环等手段

[1] 王钧：《国美金课设计创新思维》，中国美术学院出版社，2021，第3页。

不断改进和优化设计，最终实现问题的解决。接下来，我们将探讨一些方法和策略，帮助设计师有效地发现和定义设计问题。从观察、访谈、用户体验研究等多个角度出发，我们将强调问题识别的重要性，并通过实例来说明如何从现象中找出真正的问题。

7.1.1　观察的力量

观察是发现设计问题的重要手段，因为它能够提供真实的用户行为和需求的直接洞察。通过保持开放的心态和专注的注意力，设计师能够更好地观察和理解用户、环境和使用场景，从而识别隐藏的问题和需求。客观性确保设计师基于客观事实而不是主观偏见进行观察，细致性帮助设计师捕捉到细微的细节和变化，全面性则确保设计师关注各个方面的因素。

在观察过程中，设计师需要保持开放的心态和专注的注意力。开放的心态使设计师能够接受新的信息和观点，不受限制地观察。专注的注意力使设计师能够集中精力观察细节和感知用户的情感和行为。设计师应该积极与用户和环境互动，与他们建立有效的沟通，以获得更深入的洞察。通过遵循这些原则，设计师可以获取全面、准确的信息，为解决设计问题提供有效的启示和指导。

通过观察用户的使用行为，景德镇陶瓷大学设计团队发现了一个看似细微的问题，但却对用户体验造成了影响，如图 7-1 所示。他们发现用户在第一次抽取纸巾时，需要先找到纸巾的起始点，然后使用力气将第一张纸巾拉出来。这个过程有时会导致纸巾撕裂或浪费，给用户带来不便。为了解决这个问题，盒子顶部设有一个小的胶粘区，用户只需轻轻撕开盖子，第一张纸巾就会自动黏附在胶黏区上。这样一来，用户无须再费力寻找纸巾的起始点，第一张纸巾也不会轻易被撕裂或浪费。设计创新带来了更加便捷和愉悦的用户体验，只需一步即可轻松抽取纸巾。同时，盒子的胶粘区设计保证了第一张纸巾的完整性和节约使用，提高了用户满意度。这个案例充分展示了观察在设计创新中的重要性，通过深入观察用户行为，设计师可以发现用户真实的需求与痛点，并提供更贴心、便捷、创新的解决方案。

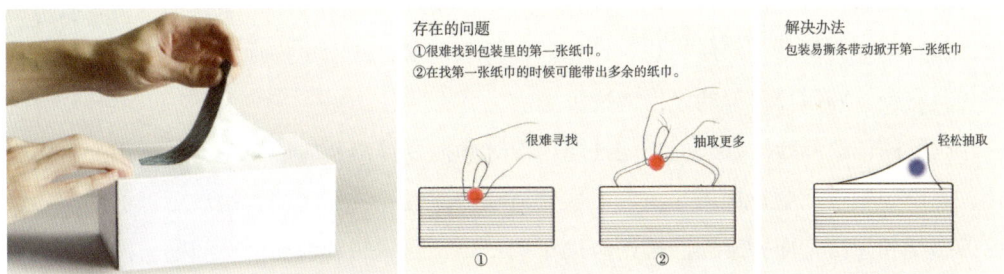

图7-1　轻松抽取

图 7-2 厕所置物架

图 7-3 防遗忘置物架

起初，为了更好地为用户服务，公共厕所提供了小型置物架，为用户放置手机和小物件提供便利，如图7-2所示。然而，用户在使用完毕后经常会忘记取回置物架上的物品，造成不便和遗失。设计师将置物架与门锁加以组合，用户在使用完毕后需要打开门锁时需要取下置物架的物品，这样就再也不会遗忘置物架上的物品了，如图7-3所示。设计应关注产品之间的联系和整体性，以及人性化设计，以满足用户的期望和提升使用体验。总之，设计的目标是通过发现、分析和解决问题，以创新的思维模式和用户中心的设计方法，创造出更好的产品和服务。

这个过程要求我们具备发现问题的敏锐洞察力、分析问题的批判性思维和解决问题的创新能力。通过培养创新思维，不断强化问题解决的能力，可以在面对复杂和快速变化的环境中，提供创造性和可持续的设计解决方案，满足用户需求，推动社会和技术的发展。这个过程同时也要求保持持续学习和开放的心态，紧跟技术和社会的发展，不断更新知识和技能，以适应不断变化的需求和挑战。

7.1.2 访谈的价值

在设计领域，了解用户需求和问题是打造成功产品与服务的关键。而访谈用户和相关利益相关者是实现这一目标的重要途径。访谈是一种直接与用户交流的方法，它可以帮助设计师深入了解用户的想法、期望、体验和需求，从而更好地满足用户的需求，提供更具有创意和用户价值的设计解决方案。

有效的访谈开始于合适的提问技巧。设计师需要提出开放性问题，鼓励用户自由表达，并以探索性问题挖掘用户更深层次的需求。通过开放性问题，用户可以详细阐述自己的感受和想法，而探索性问题则有助于揭示用户隐藏的需求和潜在问题。同时，避免过多引导性问题，保持问题的中立和客观性，让用户自主分享观点。

在访谈过程中，设计师的倾听和理解是至关重要的。设计师应该全神贯注地倾听用户的回答，包括言语、表情和肢体语言。倾听能够建立用户与设计师之间的信任，让用户感到被重视和被理解。同时，理解用户的关键点和情感反应，有助于设计师更准确地把握用户的需求和问题，从而提供更精准的解决方案。

优食（UberEATS）通过积极参与客户的生活、工作和用餐场景，不断深入了解客户的需求和体验。他们通过与用户进行炉边谈话等方式，直接听取客户的意见和反馈。通过与外卖员进行深入交流，他们意识到外卖员在找停车位和餐厅入口时遇到了困难。作为回应，优食在司机应用程序中添加了一个引路取餐的小功能，以帮助外卖员更方便地完成配送任务，如图7-4所示。通过与各方的密切合作和沟通，他们能够更好地理解用户需求、解决问题，并提供更好的用户体验。这种深入了解用户和行业从业者的做法使优食能够更好地满足用户的需求，并不断改进他们的服务。

图7-4　优食引路取餐的小功能

访谈用户和相关利益相关者是了解他们需求和问题的有效途径，通过有效的提问技巧、倾听和理解用户的关键点，设计师可以获得用户真实的反馈和需求。在设计过程中，访谈是不可或缺的工具，它让用户真正成为设计的中心，为产品与服务提供了更有针对性、创新性和用户价值的解决方案。通过深入了解用户，我们可以构建更贴近用户需求的未来设计，让设计真正成为满足用户的力量。

7.1.3　用户体验研究的重要性

在设计中，用户体验是至关重要的因素，它直接影响着产品或服务的成功与否。而在发现设计问题的过程中，用户体验研究扮演着关键的角色。下文将深入探讨用户体验研究在发现问题中的重要性，并介绍其在设计创新思维方法中的应用。

用户体验研究能够帮助设计师深入理解用户的需求和行为。通过观察用户在实际使用产品或服务时的反应，收集用户的反馈和意见，设计师可以更加全面地了解用户的期望和痛点。这有助于准确定义设计问题，将用户的真实需求融入解决方案中。用户体验研究不仅能揭示显而易见的设计问题，还能挖掘出潜在的问题和机遇。通过观察用户在使用过程中可能遇到的困难，发现用户并未意识到的需求，设计师可以为产品或服务的改进提供更多的切入点，找到更具有创意的解决方案。用户体验研究通过数据收集和分析，为设计师提供客观的依据和数据支持。这使得设计师能够更加准确地把握问题的本质，并做出基于数据的决策。避免凭空猜测，而是通过数据驱动的方式优化产品或服务的设计。用户体验研究可以帮助设计师更好地把握用户心理和行为特征，从而设计出更贴合用户需求的产品或服务。这有助于提高设计的成功率，减少后续修改和调整的成本，提升产品或服务的市场竞争力。用户体验研究不仅仅是收集用户的数据，更重要的是与用户建立起更紧密的联系。通过参与式设计、用户访谈等方式，设计师可以与用户进行直接互动，增进对用户需求的理解，让用户参与到设计过程中，从而产生更强的用户认同感。

图7-5　12306app官网火车订票界面

12306是中国铁路客户服务中心的官方网站，承担着海量的火车票预订任务（图7-5）。早期，12306网站购票流程复杂且易出错，用户体验较差。通过大规模的用户行为数据和反馈收集，12306团队发现购票流程中的诸多问题，如登录过程烦琐、验证码识别困难等。基于这些洞察，12306不断进行着优化，简化了购票流程，减少了不必要的步骤，优化了验证码机制，降低了用户在高峰期购票时的困扰。同时，12306还推出了流畅的移动端体验，并持续关注用户反馈，进行功能迭代。这些优化措施显著提升了用户购票的便捷性和满意度，现在，12306即使在面对巨大流量时，仍能为用户提供相对稳定和高效的服务。这个案例突出了用户体验研究在设计优化中的重要性，通过关注用户需求和不断改进，12306为广大用户提供了便利的出行服务。

7.2　创新策略与方法

7.2.1　从物到非物的设计思维转变

在过去，设计主要关注于物质产品的外观、形态和功能，追求美学和实用性的结合。然而，随着科技的迅猛发展和数字化时代的来临，人们对产品和服务的需求发生了根本性的改变。设计思维也必须随之演进，从物质向非物质的转变。非物质设计思维强调用户体验、情感共鸣和互动性。与传统物质设计相比，非物质设计更注重用户的感受、需求和行为。它涉及虚拟世界、数字交互、用户界面和情感设计等方面。我们需要更加关注用户的情感体验，通过创造性的互动方式和情感共鸣来吸引和留住用户。

这款由著名设计师飞利浦·斯塔克（Philippe Starck）设计的榨汁机其实受到过不少的争议，如图7-6所示。因为从功能上说，这款榨汁机是不实用的，会出现榨汁困难，汁液外漏的情况。该产品用理性主义观点是完全解释不通的，但却极为畅销。通过展示，它证明了产品的最终价值取决于它所带来的积极心理感受、经济效益及社会效应。

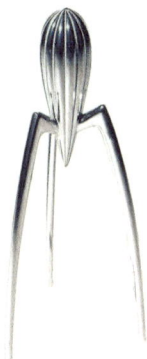

图7-6　外星人榨汁机

非物质设计思维还强调数据驱动的决策。我们需要运用数据分析和用户研究，了解用户的行为模式、趋势和需求，以指导设计决策和优化设计方案。数据驱动的思维方式可以提供深入的洞察，帮助我们更好地了解用户需求，并做出更准确的设计决策。

7.2.2　敏感性思维：社会功能和价值观对思维的影响

社会功能对思维的影响体现在设计目标和目的的确定上。我们需要了解产品或服务在社会中的功能和用途，并将其作为思考的出发点。通过认识到产品的社会功能，可以更好地理解用户的需求和期望，从而引导设计决策。社会功能还可以激发创造力和创新思维，使设计能够满足社会的实际需求。

价值观对思维的影响体现在设计的伦理和道德考虑上。我们应该考虑到不同文化和社会背景下的价值观差异，避免设计上的偏见和歧视。价值观还可以影响设计决策，例如在环境保护和可持续发展方面的考虑。我们应该秉持着积极的价值观，将社会责任和可持续性融入设计过程中，以实现更加有意义和有益的设计成果。

佳简几何对智能扫地机器人的使用场景进行了深入研究，最终确定将宠物和家居生活主题融合到Lefant N1系列的包装中，如图7-7所示。产品拆箱后，瓦楞纸箱可以重新搭建成猫舍、储物架、鞋盒等使用，以此延长它的生命周期，使其可重复使用，同时为

图7-7　智能机器人产品包装盒

生活增添一些乐趣。由于一次性家电包装的滥用，对环境造成了极大的影响，许多物种濒临灭绝，为了提醒人们关注环保，设计团队用插画的形式展现了大自然，他们以彩色突出动物的栖息地，而以黑白色绘制出动物形象。黑白色在中国传统文化中意味着"死亡"，利用色彩的视觉对比，吸引消费者的关注。除此之外，Lefant N1 的整个包装除了把手之外，都是由瓦楞纸制作的，没有使用任何胶水黏合，体现了环保和可回收的理念。

敏感性思维强调对社会功能和价值观的敏感度，这要求我们具备跨文化和跨领域的视野，并能够在设计过程中积极考虑社会因素和伦理道德。敏感性思维能够帮助我们更好地理解和回应社会需求，创造出更具社会意义和可持续性的设计解决方案。同时，它也能够塑造我们的形象和声誉，为其赢得更广泛的认可和信任。

7.2.3 互联网时代扩展了设计思维

互联网时代的产品设计发生了革命性的变化。用户体验成为设计的核心，产品不再只关注功能，而是注重用户界面的友好性和整体的愉悦感。场景化、个性化和定制化需求使得产品设计需要考虑用户的多样化偏好，提供可定制的选项。数据驱动的设计决策使得设计师可以通过分析用户行为模式和偏好来优化产品功能和设计。平台化和生态系统设计考虑了产品与其他产品和服务的整合，形成更为综合和有价值的生态系统。同时，快速迭代和敏捷开发的能力使得产品设计可以快速适应市场变化和用户需求。这些变化使得互联网时代的产品设计更加注重用户体验、个性化和定制化，以及数据驱动的决策，推动了创新和机遇的不断涌现。

其中人工智能推动设计师采用数据驱动的思维方式，从大数据中提取有意义的信息，并根据用户行为模式进行决策和创新。人工智能设计强调用户中心思维，要求设计师深入了解用户需求，揭示用户行为和偏好的模式，从而提供个性化的设计解决方案。此外，人工智能技术的自动化和优化能力提高了设计师的效率，人工智能算法可以生成多样化的设计方案，为设计师提供灵感和创意的起点，使他们能够更专注于创造性和策略性的工作。此外，人工智能还促进了设计师与其他领域专家的协作，打破了学科边界，实现跨学科的创新。

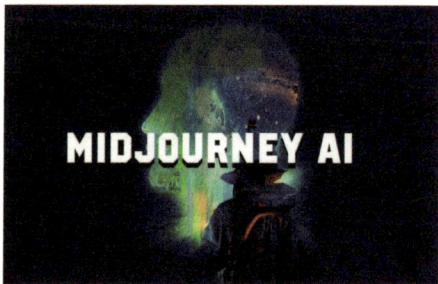

图7-8　Midjourney

Midjourney 以及其他类似的人工智能工具正在革新建筑设计领域，如图 7-8 所示。它们不仅优化了设计过程，提升了创新速度，还帮助设计师通过人机协作探索新的设计理念和方法。这些工具的普及使建筑师能更高效地探索各种设计可能性，深化设计思考，推动了设计师思维方式的转变，从传统的独立创作模式转向更开放、合作的创新模式。

　　然而，设计师也需要关注道德和伦理问题，认识到人工智能设计的潜在风险和影响，并在应用人工智能技术时保持审慎和责任。综上所述，人工智能设计对设计师的思维方式和实践方式带来了全面而深远的影响，为设计领域带来了新的可能性和挑战。

7.2.4　系统思维与整体性思维

　　系统思维和整体性思维都是设计领域中重要的思维方式，它们都强调从整体的角度去看待问题，并关注各个组成部分之间的相互关系和相互作用。

　　在生态文明建设的大背景下，采取整体的、关联的、动态的系统思维与系统设计的方法，将有助于我们理解与应对日益复杂的系统问题，并有助于实现社会经济的可持续性转型[1]。

　　系统思维强调将问题看作一个复杂的系统，包含多个相互依赖的组成部分。设计师需要理解系统的结构、功能和行为，以及各个部分之间的相互作用，而不仅仅关注其中的一部分。通过系统思维，设计师能够发现系统中的潜在问题、矛盾和机会，并提出相应的解决方案。整体性思维强调将问题放在更广阔的背景中考虑，将其看作一个整体的一部分。设计师需要考虑产品或项目与环境、社会和文化等因素之间的关系和影响。通过整体性思维，设计师能够理解产品或项目在更大范围内的作用和影响，并提供更具有整体性的解决方案。

　　Circulab 是一个旨在实现产品无止境使用的品牌，如图 7-9 所示。它创建了一个产品系统，延长了产品的使用寿命并使其流通。可以被产品共享的零件通过与使用它们的其他产品组合而有了新的用途。随着这一过程的重复，产品在一个范围内连续循环。

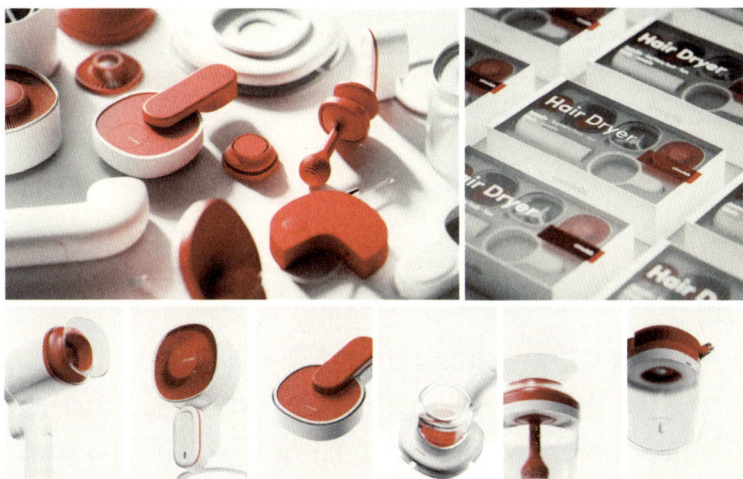

图 7-9　Circulab

❶　刘新、莫里吉奥·维伦纳：《基于可持续性的系统设计研究》，《装饰》12，No.344（2021）：25-33.
　　DOI:10.16272/j.cnki.cn11-1392/j.2021.12.005.

乐高的涅槃重生有很多原因，这其中非常重要的一点是，乐高充分利用了自己的
"超级用户"，激活自己的"私域流量"，让死忠粉们的创意发挥了强大的力量。乐高围
绕自己的粉丝，打造了名为"乐高创意（LEGO Ideas）"的线上社区，如图7-10所示，
这里汇集了来自全世界各地的粉丝和创作者，他们会对乐高的下一个产品进行想象、提
案，成为一个"消费者共创（Co-Creation）"、创意众包的社区。

系统思维和整体性思维在设计中的应用相辅相成。系统思维帮助设计师理解问题的
复杂性，从整体的角度去分析和解决问题。而整体性思维帮助设计师将问题放在更广阔
的背景中思考，考虑与其他因素的协调和一致性。

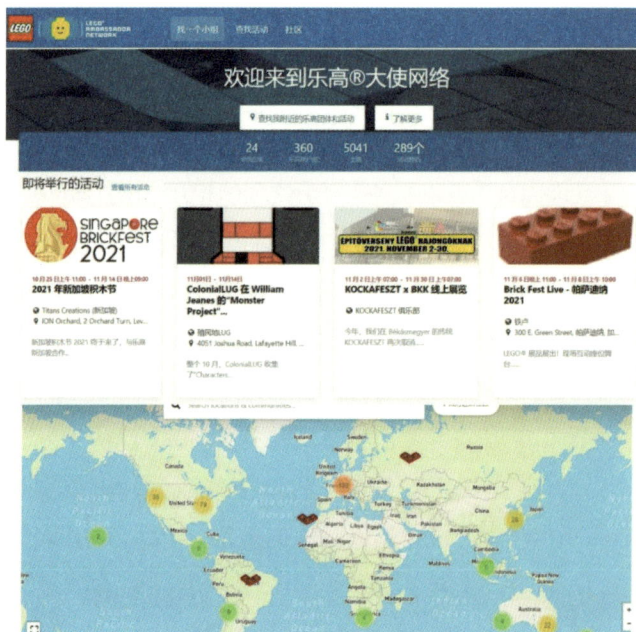

图7-10　LEGO线上社区

7.2.5　方法

（1）草图设计

草图设计是设计过程中常用的快速原始构思工具（图7-11）。通过简单的手绘草
图，设计师可以快速表达和探索设计概念，以解决问题。例如，在设计一个新的产品
时，设计师可以用草图快速勾勒出不同布局和功能排列的想法，以便迅速比较和选择最
佳设计。

（2）制作模型

制作模型是一种将设计概念具象化的方法，可以帮助设计师更好地理解和评估设计

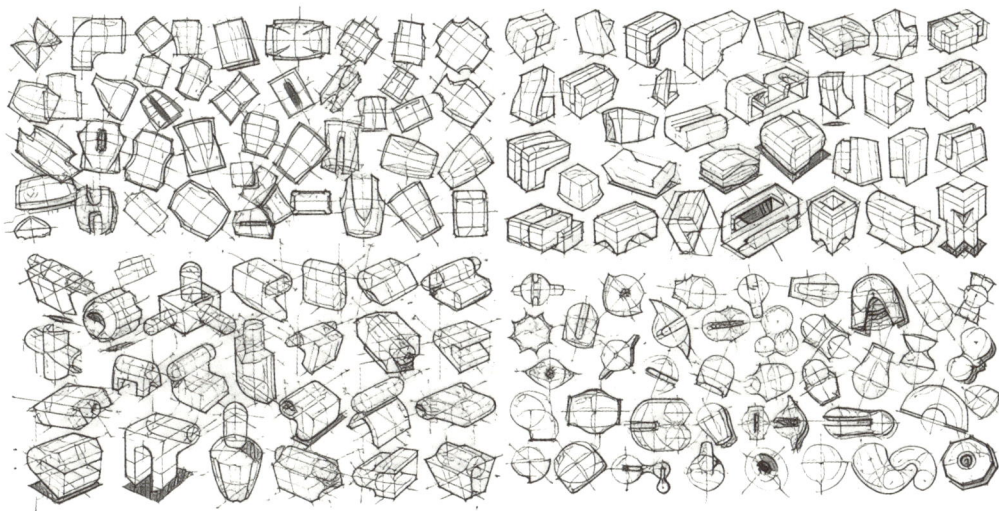

图 7-11 草图设计

的可行性。例如，在设计中，设计师可以制作物理模型或使用计算机建模软件来呈现产品的外观、结构等，以便观察和分析不同设计方案的优缺点。

（3）原型设计

原型设计是制作可交互性的模型，用于测试和验证设计解决方案。通过原型，设计师可以模拟用户与产品或服务的实际互动，发现潜在问题并进行改进。例如，设计师可以使用原型设计工具创建一个可交互的应用程序原型，让用户尝试不同的功能和界面交互，从而收集反馈并优化设计。常见的原型设计软件有 Figma、Balsamiq、Axure RP、InVision 等，如图 7-12 所示。

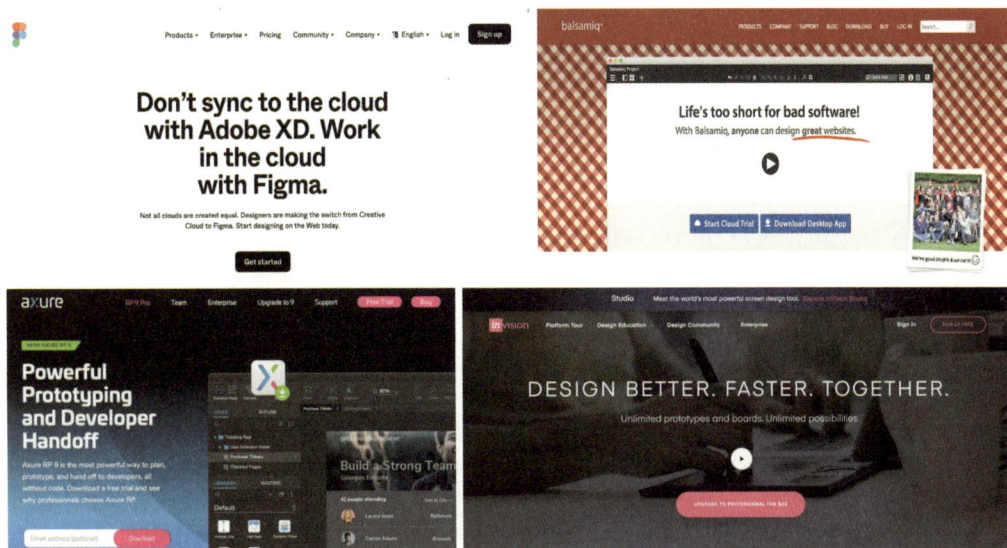

图 7-12 Figma、Balsamiq、Axure RP、InVision

（4）用户测试

用户测试是通过让真实用户尝试设计解决方案，收集他们的反馈和意见来评估设计的有效性。通过与用户的互动，设计师可以发现设计中的问题和改进点。例如，在网站设计中，设计师可以邀请用户进行用户测试，观察他们在浏览网站时遇到的困难和反应，从而改进用户体验。

7.3　设计概念的产生及评价

设计概念的产生是创新设计过程中的关键步骤。设计师们可以通过一系列的技术和方法来产生新的设计概念，如头脑风暴、联想、类比等。头脑风暴是一种在团队中产生大量新思想的经典方法。头脑风暴可以无拘无束地提出想法，无论是再疯狂、再创新的想法都不会在此阶段被否决。这种方法鼓励自由发散思维，以便从中找到一些独特且富有创新性的设计概念。联想法是一种让人们通过关联思维产生新想法的方法。它可以通过联系现有的知识、概念、对象或者经验，找出之间的联系和相似性，进而产生新的设计概念，产生设计概念之后，设计师需要通过评估和选择来确定最有潜力的设计概念。类比是一种通过找出两个看似无关的事物之间的相似性，从而产生新想法的方法。这种方法要求设计师跳出常规思维，寻找不同领域、不同层次上的相似性，从而产生新的、富有创新性的设计概念。

评估和选择最佳设计概念是创新设计流程中不可或缺的一步，它帮助设计师确定哪些设计概念具有实际应用的潜力和价值。评估设计概念可以通过多种方式进行，包括内部评审、用户测试、专家评审等。在评估过程中，设计师需要考虑一系列的因素，如设计的可行性、创新性、用户体验、商业价值等。

在评估设计概念的过程中，用户测试和可用性测试是两个重要的工具。用户测试可以帮助设计师了解用户对设计概念的反应，从而更好地理解设计是否满足用户的需求和期望；可用性测试则可以评估设计的易用性，帮助设计师找出可能的设计问题，并提供解决问题的方向。假设一个设计团队正在开发一款全新的健康饮食应用，该应用的目标是帮助用户跟踪饮食，并提供营养建议。在设计概念生成阶段，团队提出了两个主要的设计概念。

设计概念A：一个以食谱为中心的应用，用户可以通过搜索和浏览不同的食谱来规划他们的饮食。

设计概念B：一个以饮食跟踪为中心的应用，用户可以录入他们每天吃的食物，并获取营养分析和建议。

接下来，设计团队开始进行用户测试和可用性测试。

用户测试：设计团队创建了两个基本的应用原型，然后邀请了一些目标用户进行测试。他们发现大部分用户更倾向于设计概念 B，因为它能够提供更具体、更个性化的饮食建议。而设计概念 A 虽然提供了丰富的食谱，但缺乏个性化的功能，不能满足所有用户的需求。

可用性测试：设计团队接下来进行了可用性测试。他们邀请了一些用户在一定时间内完成一系列任务，如录入食物、查看营养建议等。结果显示，设计概念 B 的原型不仅易于使用，而且可以有效地帮助用户完成任务。相反，设计概念 A 的原型在用户搜索和浏览食谱时遇到了一些困难。

通过用户测试和可用性测试，设计团队最终选择了设计概念 B 作为他们的主要设计方向。这个案例清晰地展示了用户测试和可用性测试在评估设计概念过程中的关键作用。

7.4　设计工具与技术

7.4.1　可视化思维工具的运用

可视化思维工具，如用户画像、思维导图、经验地图、故事板等，可以帮助设计师将复杂的问题和信息以图形的方式呈现出来，从而更清晰地理解和解决问题。它们可以在设计过程中发挥关键作用，帮助设计师理解用户需求，找出问题，生成和评估设计概念。

（1）用户画像（user persona）

用户画像是一种帮助设计师深入了解用户的需求、行为、目标和痛点的工具。通过对海量用户数据的收集、分析和整理，根据用户的社会属性、生活习惯和消费行为等信息构建出精准描述用户特征的用户画像。设计师可以更精准地定位目标用户群体，从而在设计过程中做出更符合用户需求的决策。

（2）思维导图（mind map）

思维导图是一种以中心主题为核心，通过分支连接相关的概念和信息的设计工具，有助于我们组织和理解复杂的信息。在设计过程中，设计师可以利用思维导图来理解用户需求，发现设计问题，生成并评估设计概念，从而以更有效和高效的方式处理复杂的设计问题。

（3）经验地图（experience map）

经验地图是一种直观展示用户体验流程的可视化工具，专注于通过画面描述用户与产品或服务在各个接触点的交互细节。它可以帮助设计团队深入理解用户的行为、情感和思考，从而揭示用户的需求和期望。经验地图提供了用户旅程的全面视图，为设计团队提供了优化产品或服务的依据。

（4）故事板（storyboard）

故事板是一种以系列画面描绘用户与产品或服务交互过程的可视化工具，每个画面揭示了用户体验的关键时刻。通过使用故事板，设计团队可以更深入地理解用户体验，发现并解决早期设计问题，同时鼓励团队协作和创新思维，提供共享的视觉语言，使所有团队成员对设计目标有共同的理解。

7.4.2 数字化技术在设计创新中的应用

科技的飞速发展正在推动设计创新的边界不断扩展。其中，数字化工具与技术如人工智能（AI）、虚拟现实（VR）、增强现实（AR）等，在设计创新中扮演着日益重要的角色。

人工智能（AI）的机器学习和深度学习技术可以处理和分析大量用户数据，从而帮助设计师更深入地理解用户行为和需求，实现精准和个性化的设计。此外，AI还能通过自动生成设计方案，自动化迭代和优化设计，提高设计效率。Airbnb使用了人工智能技术创建了一个名为"DLS"（Design Language System）的设计系统，这是一个包含组件库的跨平台设计系统，可以自动生成设计元素，减少了设计师的重复劳动。同时，DLS能够通过机器学习技术，根据用户的反馈和行为数据不断优化和改进设计元素。

虚拟现实（VR）和增强现实（AR）技术能为用户提供沉浸式和真实感的体验，从而提升设计质量。比如在产品设计中，设计师可以使用VR和AR技术创建可视化的产品原型，让用户能在早期阶段就体验到产品设计，并提供反馈。数字化建模和制图工具，如CAD（Computer-Aided Design），可以创建精确的三维模型和二维图纸，从而更准确地传达设计概念，提高设计质量和效率。福特汽车公司使用虚拟现实技术来进行汽车设计，如图7-13所示。设计师们可以在虚拟环境中创建和修改汽车的3D模型，然后通过VR设备，如同真实地观察和评估汽车设计的各个角度。这种方法大大提高了设计效率，并减少了制作实体模型的成本。

宜家开发了一款名为"IKEA Place"的增强现实应用，如图7-14所示。用户可以在自己的房间中虚拟摆放宜家的家具产品，看看它们在实际环境中的效果如何。这不仅改善了用户的购物体验，也为宜家提供了设计新产品的重要反馈。

3D打印技术能快速地将设计从数字世界转化为现实世界，使设计师能在短时间内实现快速原型制作和迭代。云计算和协同工具使远程设计成为可能，设计师可以在任何

图 7-13 福特公司 VR 汽车评估

图 7-14 IKEA Place

地点进行协作，分享设计文件，获取实时反馈，从而提高设计效率和灵活性。以上各种数字化技术在设计创新中的应用，正在推动设计行业的变革，未来会带来更多的设计创新可能性。沙特阿拉伯使用混凝土 3D 打印技术建造的世界上最大的现场 3D 打印建筑之一，如图 7-15 所示。它展示了这项技术的潜力：设计师可以快速地修改和优化设计，精确控制每个部分的形状和大小，甚至实现传统建造方法无法完成的复杂设计。这些都体现了 3D 打印技术在设计创新中的重要作用。

在数字时代，科技持续地推动着设计的边界不断扩展，设计创新也因此不断地得到推动和发展。利用人工智能、虚拟现实、增强现实以及其他数字化工具和技术，设计师们能够更深入地理解用户需求，更准确地表达设计意图，并更高效地迭代优化设计。它们无疑是当前和未来设计创新的重要推动力。然而，尽管数字化工具和技术带来了很多好处，但它们并不能替代设计师的创造力、洞察力和批判性思维。设计师在理解和满足用户需求、创新解决问题、提高生活质量等方面，仍然起着至关重要的作用。因此，掌

图7-15　全球最大的现场3D打印建筑在沙特落成

握并合理利用这些新兴工具和技术，既能提升设计的效率和质量，也能推动设计创新，对于每一位设计师来说都是十分重要的。总之，数字化工具和技术是设计创新的强大推动力，它们为设计师们提供了全新的可能性和机遇，我们期待着这种趋势将继续推动设计领域的繁荣和发展。

7.4.3　工具集

（1）探索和发现

①情境地图（context map）：情境地图是一种视觉工具，用于描绘和理解用户在特定环境和情境下的行为、需求和痛点。用于早期的用户研究阶段，帮助设计团队深入了解用户的环境和互动情境，从而更准确地定义设计问题。

②用户观察（user observation）：用户观察是一种研究方法，通过直接观察用户在自然环境中的行为来收集数据。用于寻找用户在使用产品或服务时遇到的潜在问题和机会，是同理阶段的重要方法。

③用户访谈（user interview）：用户访谈是一种通过与用户对话来收集信息的定性研究方法。用于深入了解用户的需求、期望和痛点，从而更准确地定义和解决问题。

④问卷调研（survey）：问卷调研是通过设计一系列问题，收集大量用户数据的定量研究方法。用于在较短时间内收集大量用户数据，帮助分析和理解用户群体的共同需求和行为模式。

⑤焦点小组（focus group）：焦点小组是一种定性研究方法，邀请一组用户参与讨论，深入了解他们对特定产品或服务的感受和想法。用于获取关于产品或服务的详细用户反馈和意见，从而改进设计。

⑥思维导图（mind map）：思维导图是一种视觉工具，用于组织和可视化思想和信息。用于构想阶段，帮助团队成员整理和连接不同的想法，激发创新的解决方案。

⑦流程树（flowchart）：流程树是一种图形表示方法，用于描绘和分析过程或系统的工作流程。用于理解和分析用户与产品或服务互动的步骤和逻辑，从而优化设计。

（2）定义设计对象、问题

①用户画像（user persona）：用户画像是用来代表一个典型用户群体的虚拟人物，包括其特征、需求和目标。用于在设计过程中更好地理解用户，以便更准确地设计满足他们需求的产品或服务。

②利益者相关地图（stakeholder map）：利益者相关地图用于识别与项目或产品有关的各种利益相关者，并了解他们之间的关系和需求。用于帮助设计团队更好地管理利益相关者的期望和需求，从而做出更合适的设计决策。

③用户体验旅程图（user experience journey map）：用户体验旅程图是用来展示用户在使用产品或服务时的各个阶段和情感体验。用于帮助设计团队理解用户的情感变化、关键时刻和机会，以优化用户体验。

④用户体验要素模型（user experience elements model）：这个模型用于识别和分析影响用户体验的不同要素，如可用性、便捷性等。用于评估和改进产品或服务的各个方面，以创造更好的用户体验。

⑤情感测试工具（affect testing tools）：情感测试工具用于收集用户在使用产品或服务时的情感反馈。用于理解用户的情感体验，从而优化设计以引发积极的情感。

⑥动机矩阵（motivation matrix）：动机矩阵用于识别用户使用产品或服务的动机和目标。用于更深入地理解用户的需求和期望，从而定制化解决方案。

⑦上瘾模型（hooked model）：上瘾模型描述了如何创造出让用户上瘾的产品或服务。用于设计有吸引力且易上瘾的产品，从而提高用户忠诚度。

⑧故事板（storyboard）：故事板用于通过一系列图片或插图来展示用户在使用产品或服务时的体验。用于可视化用户体验，帮助团队更好地理解用户的情境和需求。

⑨商业模式画布（business model canvas）：商业模式画布是一种工具，用于分析和设计商业模式的各个要素。用于探索商业模式的不同方面，从而更好地满足用户需求和创造价值。

⑩双钻模型（double diamond model）：双钻模型是一个创新框架，包括问题定义和解决方案探索两个阶段。用于引导设计团队在问题空间和解决空间内的探索，以获得更全面的解决方案。

（3）开发创意和概念

①头脑风暴法（brainstorming）：头脑风暴是一种集体创意产生技术，鼓励团队成

员自由发散想法，避免批判性评价。用于在构想阶段产生多样性和创新性的解决方案，倡导开放和非评价性的思考。

②问题卡片（problem cards）：问题卡片是用于描述和分析问题的简洁陈述，有助于更好地理解问题的本质。用于在问题定义阶段深入理解用户需求、痛点和挑战，以便更准确地解决问题。

③形态分析（morphological analysis）：形态分析是一种系统方法，将问题分解为不同的组成部分，然后将这些部分重新组合，产生新的解决方案。用于在构想阶段生成多样性的解决方案，通过重新组合不同元素创造出新的可能性。

④渔网模型（fishbone diagram）：渔网模型是一种图形工具，用于识别问题的根本原因和影响因素。用于在问题定义阶段深入分析问题，找出潜在的因果关系，为解决方案提供指导。

⑤奔驰法（scamper）：奔驰法是一种启发性的创意产生方法，通过对已有的事物进行改变、替代、组合、逆向思考等方式来产生新的创意。用于在构想阶段引发创意，激发思维多样性，帮助寻找改进和创新的可能性。

第 8 章

产品设计
发展趋势

8

设计是一门永恒的艺术，它的核心是创新和改进。设计师们在无穷无尽的探索中，追求更好的解决方案，更高效的实践，以及更具创新性的设计。但在这个瞬息万变的世界里，产品设计并不是孤立存在的。它是受许多因素影响的，包括技术的发展、社会和经济的变化、用户需求和期望的演变，以及全球市场的整体趋势。每个趋势都有其特别之处，都对产品设计产生了深远的影响。这些趋势也为我们提供了深入了解产品设计和未来可能性的机会。在这个过程中，我们将看到设计师们是如何把握这些趋势，通过他们的创新和努力，塑造了我们的世界。

8.1 可持续设计

据联合国环境规划署的报告，大约80%的产品造成的环境影响在设计阶段就已经决定。这意味着设计师在设计阶段就有巨大的潜力和责任来减少产品的环境影响。绿色和可持续的产品和服务市场正在迅速增长。面对全球日益严重的环境问题，如气候变化、资源短缺、生物多样性丧失等，设计师有责任和义务在设计过程中考虑到环境影响，以减少产品或服务对环境的负面影响。例如，通过选择可再生或循环利用的材料，设计耐用和可维修的产品，减少产品的能源消耗和废物产生，都可以减少对环境的影响。

根据一项由乐活（Lifestyle of Health and Sustainability，LOHAS）进行的研究，只在美国，消费者愿意支付额外费用购买环保和社会责任产品的市场就超过了2000亿美元。考虑环境影响的设计也是未来发展的趋势。随着消费者环保意识的提高，可持续的产品和服务越来越受到欢迎。企业通过推出环保产品，不仅可以满足消费者需求，也可以提升自身形象，获得竞争优势。许多国家和地区已经或正在制定更为严格的环保法规，要求企业在产品设计和制造过程中考虑到环境影响。通过符合或超越这些法规，企业可以避免法律风险，确保自身的稳定发展。例如，欧洲联盟（EU）推出了一系列的环保法规，如REACH（注册、评估、许可和限制化学物质）和RoHS（限制有害物质使用指令），这些法规对化学物质的使用进行了严格的限制。此外，欧洲联盟还提出了"循环经济"战略，这是一种在设计阶段就考虑产品整个生命周期的经济模式，旨在最大限度地减少废物和资源消耗。近年来，中国已经推出了一系列的环保法规，包括《中华人民共和国循环经济促进法》《中华人民共和国清洁生产促进法》等，这些法规都要求企业在设计和生产过程中考虑到环境因素。

8.1.1　生命周期评估

生命周期评估（Life Cycle Assessment，LCA）是一种评估产品或服务在其整个生命周期中（从原材料采集、生产、使用，直到废弃和回收）对环境产生影响的方法，如图8-1所示。LCA考虑的环境影响包括对空气、水、土壤的污染，以及对自然资源的消耗。LCA通常分为四个阶段。目标和范围定义：明确LCA的目的、评估的产品或服务、评估的环境影响类别（如气候变化、酸化、臭氧层耗竭等），以及评估的生命周期阶段。生命周期清单分析：收集和计算产品或服务在其生命周期中所有输入（如能源、原材料）和输出（如废物、排放）的数据。生命周期影响评估：根据库存分析的结果，评估产品或服务对各种环境影响类别的贡献。解读：解析和解释评估结果，为决策者提供信息，帮助他们做出更为环保的决策。LCA的应用可以帮助设计师和制造商了解产品在其整个生命周期中对环境的影响，从而找到降低环境影响的机会。例如，通过LCA，设计师可能发现某种材料的生产过程对环境的影响较大，因此可以选择使用其他更为环保的材料。

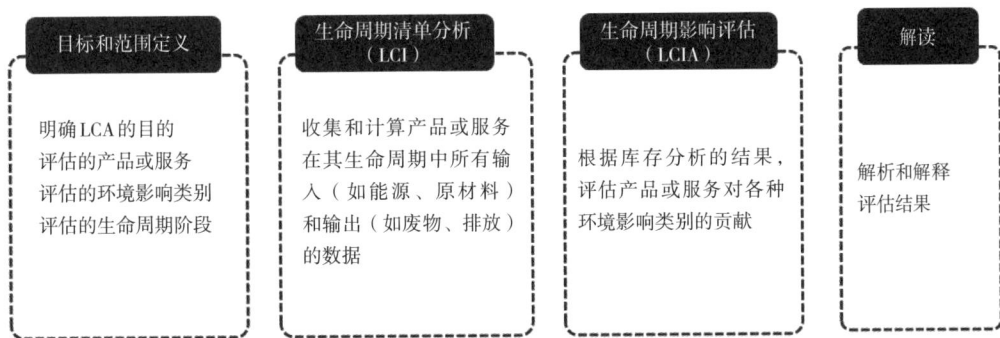

图8-1　生命周期评估

让我们从设计的角度考虑一个可重复使用的水瓶的生命周期评估（LCA）。

①目标和范围定义：目标可能是了解可重复使用的水瓶从制造到报废全过程中的环境影响，包括在使用过程中的冲洗、干燥等环节。

②生命周期清单分析（LCI）：在这个阶段，会收集所有与水瓶相关的环境输入和输出数据，如制造过程中的原材料获取，能源消耗，废弃物产生等。

③生命周期影响评估（LCIA）：这一步将LCI的数据转化为实际的环境影响，比如水瓶制造和使用过程中对全球变暖、酸化、污染等环境问题的贡献。

④解释：在这个阶段，会对上述数据和结果进行解释，并为设计师提供关于如何改善产品设计以降低环境影响的建议。比如，如果数据显示主要的环境影响来自水瓶的制造过程，设计师可能会寻找使用更环保材料或更有效率的生产方式的可能性。

8.1.2 绿色设计

在产品设计的过程中，选择和使用绿色材料已经成为一种越来越重要的考虑因素。绿色材料是一类对环境影响较小、可再生、可回收或可降解的材料。选择绿色材料进行设计可以减少产品对环境的影响，同时也有利于提升产品的环保形象。它们可以是可再生的，如竹、木材或棉花；也可以是可回收的，如某些类型的塑料和金属；还可以是可生物降解的，如聚乳酸（PLA）等。选择绿色材料进行设计不仅可以降低产品对环境的影响，减少碳足迹，而且也可以提升产品和品牌的环保形象，满足越来越多消费者的环保需求。然而，使用绿色材料也需要考虑其性能、成本、可获得性等因素，这是设计师在进行材料选择时需要权衡的问题。

台中竹迹馆坐落于我国的宝岛台湾，作为景观建筑，竹迹馆最特别的地方在于其是以竹子为主要材料建成的建筑（图8-2）。

竹迹馆的设计灵感源自中国台湾中央山脉与海岛的自然意象，其外观宛如一粒种子破土而出，被水环绕。建筑主体采用极具东方文化特色的竹子，运用竹子的韧性与结构性，不仅展现了建筑美学，还完美融合了自然元素，营造出一种张力与结构并存的空间特质。在材料选择上，竹迹馆严格挑选品质优良、密度均匀、直径一致的竹子，以确保建筑的稳定性和耐久性。竹子的使用不仅减少了对环境的影响，还因其优秀的抗震性和保温性能，为建筑带来了额外的环境效益。

竹迹馆的设计突破了传统竹艺的局限，巧妙地融合了建筑的工程技术和台湾竹艺编织技术，运用多种工艺塑造一个连贯过去与未来的空间。置身其中，人们能够深切感受到自然的气息和一种内在平衡感。建材的选用象征着台中对未来建筑的想象，意在增强人与自然的协调共存，进而与自然共生。

图8-2　台中竹迹馆

许刚老师的"本土创造"项目为我们提供了一种极其有益的实践参考，如图8-3所示。许刚老师以"混"和"凝"为手段，以设计为媒介，对生活中的各类固体废弃物进行重塑，从而赋予它们全新的形态与功能。这不仅是对废弃物的再利用，而且是对资源的再生，为我们展示了一种可能性：将看似废弃的物质重新打造成为有价值、有功能且美观的产品。在项目中，许刚老师和他的团队收集了数十种我们日常生活中常见的"垃圾"，如废弃的塑料瓶、旧报纸、玻璃瓶等。他们经过"混凝"处理后，这些被世人遗弃的物品得以再生，变成了我们可以使用的座椅、灯具等实用物品。

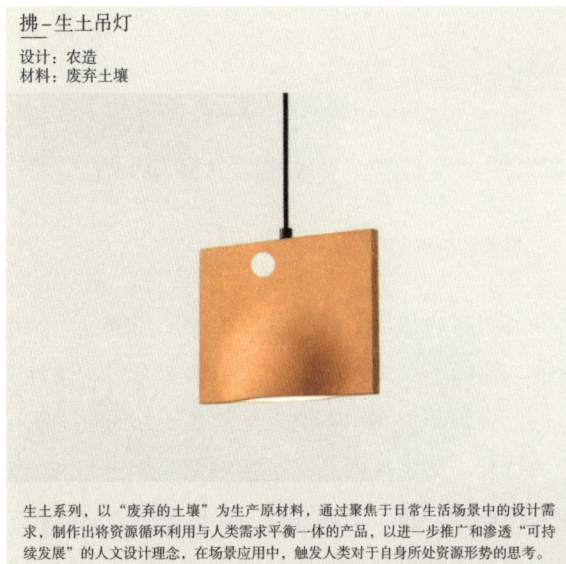

| 回收废弃塑料袋再生混凝土 | 回收废弃塑料吸管再生混凝土 | 回收粉煤灰废料再生混凝土 |
| 回收磷石膏废料再生混凝土 | 回收工业陶粒废料再生混凝土 | 回收工业陶粒废料再生混凝土 |

拂-生土吊灯
设计：农造
材料：废弃土壤

生土系列，以"废弃的土壤"为生产原材料，通过聚焦于日常生活场景中的设计需求，制作出将资源循环利用与人类需求平衡一体的产品，以进一步推广和渗透"可持续发展"的人文设计理念，在场景应用中，触发人类对于自身所处资源形势的思考。

图8-3 许刚"本土创造"项目

这个项目展示了设计的力量，通过设计，我们可以赋予被废弃的物品新的生命和价值，实现废物的再利用，从而达到可持续性的目标。这种设计不仅能够减少垃圾的产生，也能够创造出有趣、实用且美观的产品，提高了我们生活的品质。

废物减少设计的时候考虑如何降低产品使用过程中的废物产生，或者是如何将废物转化为资源，都是可持续设计的重要考量。设计师可以通过优化产品设计，让产品有更长的使用寿命，或者更易于修复和升级，从而减少废物的产生。如图8-4所示，苹果公司在其产品设计和制造过程中，尤其重视环保和可持续性。他们致力于减少产品生命周期中的碳排放，并设定了到2030年使其全球运营实现碳中和的目标。他们的部分产品使用了回收材料制造，包括稀土元素和铝，减少了对地球资源的消耗。他们的设备也被设计成耐用和易于维修，以延长产品的使用寿命，同时他们还提供了回收计划，让消费者可以安全、方便地回收旧设备。这些环保设计赢得了消费者的喜爱，提升了苹果的品牌形象。

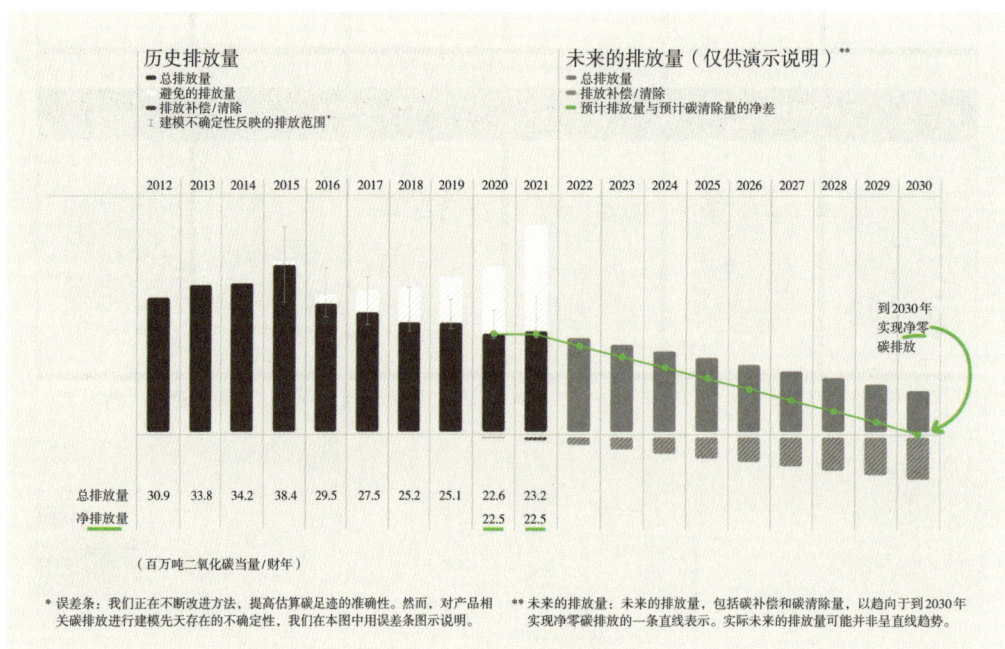

图8-4　苹果的减碳趋势

自然家（NatureBamboo）是一家以天然材料为核心，结合传统手工艺进行产品设计和室内软装工作的企业，如图8-5所示。他们不仅关注产品的实用性和美感，而且强调环保和可持续性。以手工竹编灯具为例，设计师们利用本地采集的竹子，通过手工削减和编织，创造出形态独特、质感自然的灯具。每一件作品都是独一无二的，融入了大自然的美感和手工艺的精神。此外，他们积极推广资源回收利用，将废弃的竹材转化为家具或装饰品，实现资源的最大化利用。自然家的设计理念和实践，充分体现了设计在增加产品附加价值和创造可持续性价值方面的重要性。

图 8-5　自然家竹制品

　　产品的再生、再使用和回收是当今社会推动可持续发展、延长产品生命周期以及提高资源使用效率的关键环节。设计师在产品设计之初就应当深思熟虑，确保产品在未来能够被方便拆解、回收或再利用，从而推动产品的循环使用。在这方面，英科再生为我们提供了一个杰出的范例。

　　英科再生专注于塑料回收再生利用，通过创新技术和设计理念，成功地将废弃塑料转化为高品质再生材料，如图 8-6 所示。在设计过程中，英科再生注重产品的可拆解性和可回收性，确保产品在使用寿命结束后能够轻松拆解，便于回收再利用。这种设计理念不仅提高了产品的环境友好性，也为客户提供了更加经济、环保的选择。英科再生的实践证明，将可持续发展理念融入产品设计之中，是推动产品循环使用的有效途径。通过注重产品的拆解、回收和再利用，我们可以减少资源浪费，降低环境污染，实现经济效益与环境效益的双赢。因此，设计师在设计产品时应当充分考虑产品的再生、再使用和回收问题，为实现可持续发展贡献自己的力量。

图 8-6　英科再生塑料循环再利用的全产业链

　　随着全球环境问题的日益严重，可持续设计已经成为产品设计的重要趋势。从生命周期评估到绿色材料的选择，再到废物的减少和产品的再生、再使用和回收，每一个环节都体现了设计师对环境保护的考虑和承诺。在这个过程中，设计师不仅需要有广阔的视野和深厚的专业知识，还需要有创新和开拓的勇气。因为只有这样，我们才能设计出真正满足用户需求，又对环境负责的优秀产品。同时，我们也期待更多的企业和消费者能认识到可持续设计的重要性，并投入这个伟大的事业中，共同推动我们的世界向着更美好的方向发展。

8.1.3 社会关注

企业社会责任越来越受到重视。社会责任是指企业在生产经营中，承担起对社会、环境和利益相关方的责任。在工业设计中，设计师需要关注产品对社会的影响，如安全性、健康性、环保性与实现碳中和等。

特斯拉成立于2003年，是一家专注于电动汽车、储能系统和太阳能产品的公司（图8-7）。其最著名的产品是Model S、Model X、Model Y和Model 3电动汽车系列。新能源汽车在性能、续航里程等方面也比传统燃油汽车更具有竞争力。特斯拉作为聚焦能源革新的技术开拓者和创新者，除了提供新能源汽车产品外，也设计了Powerwall这样的太阳能发电、储电产品来向消费者提供完整的一体化垂直整合能源解决方案。目前这一系统已经在国外的部分地区得到应用，效果良好。

图8-7　特斯拉官网的新能源车和太阳能发电产品范例

8.2　全球协作

跨界融合

跨界融合是未来产品设计的一大趋势。设计师需要在多个领域中吸取灵感，将不同行业的优势相互结合，形成独特的设计风格。例如，设计师可以从建筑、艺术、社科、体育等领域汲取创意，为工业设计注入新的活力。

大疆无人机是跨界融合产品设计的典型代表（图8-8）。通过将航空科技、摄影技术和消费电子领域的优势巧妙融合，大疆不仅创造出功能强大且用户友好的无人机产品，还开创了一个全新的市场。

　　大疆无人机的设计结合了多个领域的精华。首先，大疆从航空工程中汲取了大量技术灵感，应用于无人机的飞行控制、机械设计和稳定系统，使其在飞行中保持卓越的稳定性和操控性。其次，大疆将摄影和摄像领域的需求融入其中，提供高分辨率的摄像头、专业的图像处理功能和稳定的云台系统，使得无人机成为摄影师和电影制片人不可或缺的工具。这种跨界融合设计不仅将无人机从专业工具转变为普通消费者也可以轻松使用的产品，还让普通用户也能拍摄到专业级别的航拍视频和照片。大疆无人机的成功正是跨界融合设计的典型例证——它通过结合不同领域的技术优势，满足了用户的多种需求，推动了整个无人机行业的发展，改变了航拍和视频制作的方式。

图 8-8　大疆无人机

　　大疆的案例表明，跨界融合可以为产品设计带来巨大的创新潜力。通过打破行业壁垒，将不同领域的知识和技术结合在一起，设计师们能够创造出真正与众不同、引领市场的产品。这种设计思维不仅提升了产品的功能性和用户体验，也为行业创新开辟了新的方向。

　　弗里德里希·贝克尔（Friedrich Becker）设计的功能珠宝是另一典型代表（图 8-9）。贝克尔原先是一位德国航空工程师，如果一切顺利他可以终身享受丰厚的待遇，但是，战争改变了一切，也包括贝克尔的命运，让他成为一名举世闻名的首饰设计师。航天工程师的工作经历给予了贝克尔独特的视角来看待珠宝首饰，并促使他完成了机械制作和首饰艺术的融合，并在 1964 年制作出了第一件动能首饰。首饰每一次的旋转和滑动，都基于贝克尔对轴承的巧妙运用以及精密的布置。他所设计出来的动力学首饰，并不是使用具有柔韧性的材料作为牵引，而是随着身体的晃动而摆动。他设计的动态饰品

图 8-9　贝克尔设计的动能珠宝

打破了人们对于饰品只能展现静态美感的认知。贝克尔真正将航空工程的知识与珠宝设计跨界融合，为珠宝首饰设计提供了新的想法，从而带动后人有了更多新的巧思创作。

假设可乐2元钱一罐，为追求环保、节约资源，两个空罐可以换一罐可乐，双方资源既定，如果游戏的一方只有6元钱，最多能喝到几罐可乐？我们发现，当我们手里拿到第5罐时，如果能有一个"空罐"过渡，通过开展合作、思路打开，讲究策略和方法，我们完全可以喝到"第6罐"。

全球协作是现代产品设计的重要方面。在面临快速变化和竞争激烈的市场环境时，我们愈发依赖全球分布的团队来打造创新和吸引人的产品。通过整合多专业人才资源，组建跨学科协作团队，能够确保覆盖产品生命周期的创新输出。过去，产品设计可能由一个团队或个人完成，但现在的产品设计更加复杂和综合，需要不同领域的专业知识和技能共同协作，以实现全方位、全周期的创新输出。跨学科的协作团队可以汇集来自不同领域的专业人才，比如工程师、设计师、市场营销专家、人机交互专家、材料科学家等。每个专业团队成员都能为产品的不同方面提供专业见解和解决方案，从而提高产品的质量和竞争力。总之，整合多专业人才，构建跨学科协作团队，是现代产品设计与创新的高效途径，它能够确保产品在技术、市场和用户需求上的全面优化，以满足现代社会对产品的多样化和高品质需求。

网络技术的进步使全球协作成为可能。与此同时，全球协作模式已经改变了设计流程的许多方面，从概念生成到设计迭代，再到最终产品的实现。这种新的工作方式提供了前所未有的机会，让来自世界各地的设计师能够利用自己的专业知识和独特视角，共同创建出令人惊叹的设计。此外，全球协作也为产品设计带来了更多的创新和多样性，这些都是在单一地点或文化背景下无法实现的。然而，全球协作也带来了自己的挑战。时间差、语言和文化差异、远程沟通和管理等问题都可能影响到设计的效率和质量。因此，设计团队需要采用一些策略和工具，以适应这种新的工作模式，并最大限度地利用其优势。

在这方面Zoom等协作工具在全球化的设计流程中扮演了重要角色，如图8-10所示，Slack平台允许团队成员在各种不同的频道中分享信息和想法，从而确保团队之间的即时通信。它还具有文件共享和搜索功能，让团队成员可以轻松地查找和参考旧的会话和文件。这不仅使远程沟通变得更加高效，而且也有助于维护项目的连贯性，即使在团队成员不在线的时候。

另外，Zoom提供了一个平台，如图8-11所示，让团队成员可以进行视频会议，这对于需要面对面交流和协作的设计活动至关重要。例如，在设计评审会议中，设计师可以利用Zoom的屏幕共享功能，实时展示他们的设计，同时获取团队的反馈。此外，Zoom还支持多人视频会议，使得全球分布的团队能够同时参与到讨论中，仿佛他们都在同一会议室内。

图 8-10　Zoom 平台

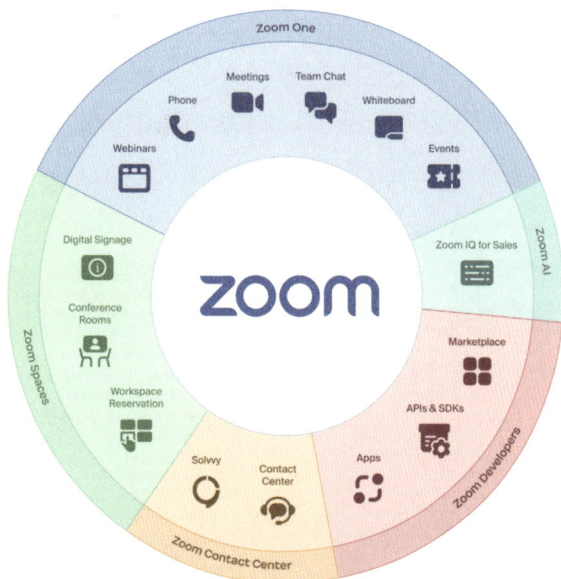

图 8-11　Zoom 的产品体系

GitHub是一个全球最大的代码托管平台，也是一个典型的全球协作案例，如图8-12所示。尽管GitHub本身是一个工具，但它的使用模式和社区却是全球协作的生动展示。开发者们使用GitHub进行协作开发，分享代码，提交修改，并通过合并请求（pull request）进行代码审查。这一过程在全球范围内进行，开发者可能来自世界的任何地方，使用任何语言。他们不需要在同一时间、同一地点工作，也不需要面对面会议，就可以共同完成项目。GitHub的成功展示了全球协作的巨大潜力。通过GitHub，全球的开发者能够共享他们的工作，学习他人的代码，互相合作，从而共同推动软件开发的进步。

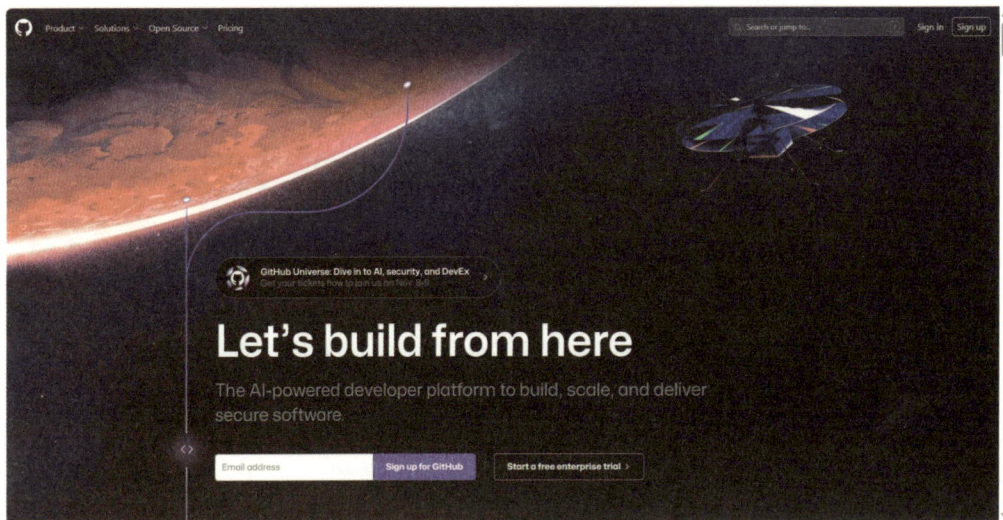

图8-12　GitHub官网

尽管这些协作工具为全球协作提供了便利，但要成功地进行全球协作，还需要更深层次的考虑。例如，设计团队需要建立一种文化，尊重各种各样的观点和想法，以鼓励创新和多样性。此外，团队需要考虑到不同的工作时间和节假日，以避免给团队成员带来不必要的压力。还有，团队应该尽量使用明确、无歧义的语言进行沟通，以减少因语言和文化差异造成的误解。

总的来说，全球协作是一个复杂的过程，它需要恰当的工具、策略和文化才能成功。但是，通过适应这种新的工作模式，设计师不仅可以增强他们的创新能力，而且可以创造出更具影响力的产品设计。

8.3　数字化与智能化

科技在设计领域的进步与变革是不容忽视的。从工业革命时期的传统设计，到以用户为中心的设计思维，再到现在的前沿科技的计算设计，创造力一直在不断演变。传统设计主要是由设计师凭借个人经验和感觉进行创作，相对较为主观。然而，随着用户体验的重要性日益凸显，以用户为中心的设计思维逐渐成为主流。设计者开始关注用户的需求、期望和痛点，将用户放在设计的核心位置，以确保产品或服务更加贴合用户的真实需求。

而现在，随着大数据、人工智能和新的可视化工具的崛起，设计行业迎来了更加快速和精准的变化。一方面，这些新技术使得设计师可以更好地理解用户数据和行为模式，从而进行个性化和定制化的设计。例如，通过大数据分析，设计者可以了解用户的兴趣和喜好，为他们提供更加个性化的产品和体验。另一方面，计算设计的发展也为设计师带来了更加高效和创新的工具。虚拟现实和增强现实技术让设计者可以更直观地展现设计概念，快速迭代和优化设计方案。人工智能的应用也使得设计过程更加智能化，例如利用AI生成设计原型或自动化进行设计任务。在面对如此快速发展的新技术和工具时，设计者必须不断学习和适应新的范式。拥抱科技的进步，学习如何应用新技术和工具成为设计中不可或缺的一部分。只有通过不断学习和更新知识，设计师才能保持竞争力，更好地满足用户的需求，并创造出令人惊艳的设计。

数字化和智能化正在深度影响产品设计的各个层面。3D打印、虚拟现实（VR）、增强现实（AR）、人工智能（AI）以及机器学习等先进技术，已经开始改变设计师的工作方式，帮助他们更加准确、高效地解决设计问题，以及预见和满足未来的用户需求。

8.3.1　人工智能

人工智能（artificial intelligence，简称AI）是计算机科学的一个分支，旨在模拟、扩展和延伸人类智能的理论、方法、技术和应用。它通过计算机系统模拟人类智能的思维、学习、推理、决策和问题解决能力，从而实现和人类一样的认知和行为。

人工智能的发展可以追溯到20世纪50年代，随着计算机技术的进步，人工智能逐渐成为独立的学科领域。目前，人工智能已经在各个领域取得了显著的进展，并成为科技和社会发展的重要驱动力。人工智能的主要技术包括机器学习、深度学习、自然语言处理、计算机视觉、专家系统等。其中，机器学习是人工智能的核心技术之一，它通过让计算机自主学习数据和模式，提高了计算机系统的智能和自适应能力。人工智能在诸多领域有广泛的应用，包括自动驾驶汽车、智能助理、语音识别、医疗诊断、金融风控、智能制造等。它不仅提高了生产和工作效率，也为我们的日常生活带来了便利和智能化。

在设计领域，人工智能的应用主要包括数据临摹（data mimicry）和数据创造（data generation），这两种技术都对设计过程和结果产生了重要影响。

①数据临摹（data mimicry）：数据临摹是指通过人工智能技术模仿、学习和复制现有的设计样本或数据。这种技术基于机器学习和深度学习算法，可以对大量的设计数据进行分析和学习，从中提取设计规律和特征。通过数据临摹，人工智能可以模拟并产生类似于已有设计样本的新作品，节省了设计师的时间和精力。在图像设计领域，数据临摹技术可以用于自动化生成设计元素、图案和风格。设计师可以利用这些生成的样本作为创意的灵感来源，从而加速设计过程和拓宽设计的可能性。

"The Next Rembrandt"是一项由荷兰银行ING发起的创意项目，旨在通过人工智能技术创造出一幅类似于17世纪荷兰画家伦勃朗（Rembrandt）风格的全新肖像画。

这项项目于2016年公布，它利用了大数据分析、机器学习和计算机视觉等先进的人工智能技术。首先，项目团队收集了伦勃朗的大量画作，包括画家的笔触、色彩、构图等特征信息。然后，通过机器学习算法，将这些信息输入计算机中，让计算机能够理解和学习伦勃朗的绘画风格。接着，项目团队收集了数百名模特的面部数据，包括不同角度和表情的照片。通过分析这些面部数据，计算机可以了解伦勃朗绘画中的特定面部特征和细节。最后，基于对伦勃朗画作和模特面部数据的学习，计算机生成了一幅全新的肖像画，融合了伦勃朗的绘画风格和模特的面部特征。这幅作品被命名为 *The Next Rembrandt*，并且在2016年4月通过展览和数字媒体渠道展示给公众，如图8-13所示。该项目在艺术和科技界引起了广泛的讨论和关注。它展示了人工智能技术在艺术创作中的潜力和创新力，同时也引发了对于艺术创作的定义和原创性的一些讨论。虽然这幅肖像画是由计算机生成的，但它依然体现了伦勃朗的绘画风格和特征，使人们重新思考了艺术、创造力和技术的关系。

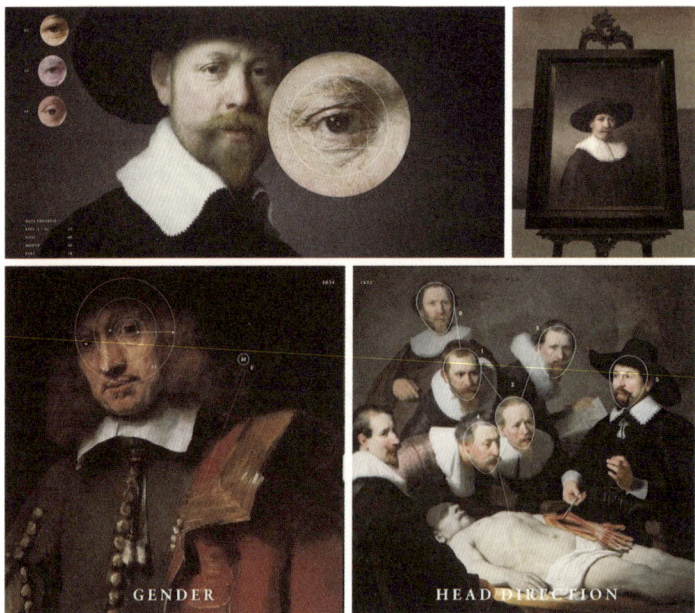

图8-13 项目成果——3D打印出的全新"伦勃朗画作"

②数据创造（data generation）：数据创造是指人工智能生成全新的设计数据，这些数据并不存在于现实世界中。这一技术通常基于生成对抗网络（GANs）等方法，通过对已有数据的学习，使得人工智能可以自主创造出与现有数据类似但全新的设计样本。

Obvious艺术团队的《埃德蒙·德·贝拉米肖像》（*Portrait of Edmond de Belamy*）：这幅作品是由一个人工智能模型生成的，其设计灵感来自14～20世纪的各种经典肖像画，如图8-14所示。这幅作品在2018年的一场拍卖会上以432500美元的价格卖出，远超出了预期的价格。生成对抗网络（Generative Adversarial Networks，GAN），由计算机专家伊恩·古德费罗（Ian Goodfellow）于2014年首创。GAN算法具有"机器学习"的特征，它可以学习我们前期输入的油画数据，最后生成独一无二的肖像画。也就是说，我们可以通过GAN算法将现实生活中的图像转换为艺术形象，或将涂鸦转化为人像。

生成对抗网络由两部分组成：生成器和判别器。生成器的目标是创建新的、未见过的数据实例（在这个情况下是画作），而判别器的目标是区分生成器创建的数据和真实数据。两者在这个过程中相互对抗，随着时间的推移不断改进，直到生成器产生的数据在判别器看来几乎和真实数据无法区分。这就是GAN如何在艺术创作中发挥作用的一种方式。它们为我们提供了一个强大的工具，可以用来探索新的艺术风格和创新的视觉体验。然而，与此同时，它也提出了一些重要的道德和法律问题，如创新的定义、艺术创作的所有权，以及技术在艺术创作过程中的角色。这些问题在未来的艺术界和法律界都需要进一步的探讨。

图8-14 《埃德蒙·德·贝拉米肖像》（*Portrait of Edmond de Belamy*）

在设计领域，数据创造技术可以帮助设计师探索未知的设计空间，创造出前所未见的设计风格和元素。这种全新的设计数据可以激发设计师的创意灵感，开拓创新的设计方向。

人工智能的数据临摹和数据创造能力，为设计师带来了新的创意和设计思路。它们在设计领域的应用，不仅提高了设计效率，也拓展了设计的创新边界。然而，设计师仍然需要拥抱这些新技术，保持对人工智能技术的理解和应用，使其成为设计过程中的有益工具和合作伙伴。

然而，人工智能也面临着一些挑战和争议，比如数据隐私和安全问题、人工智能对就业市场的影响，以及人工智能的道德和伦理问题等。总的来说，人工智能是一项极具潜力和前景的技术，它正在深刻地改变着我们的社会和生活方式。随着技术的不断进步，人工智能将继续为我们带来更多的创新和改变。

8.3.2　重视数字化

在当今的设计领域，数字化已经成为一种重要的发展趋势。它不仅在改变设计师的工作方式，也在为产品设计带来全新的可能性。

Adobe Creative Suite 就是数字化改变设计流程的典型例子。作为一个集成的数字化工具集，它将设计、编辑和共享等环节集成在一个平台上，大大提升了设计效率和生产质量。例如，设计师可以在 Photoshop 中进行图片编辑，然后在 Illustrator 中创建矢量图像，最后在 InDesign 中完成版面设计，这些操作都在同一个平台上完成，避免了在不同工具间切换的麻烦，提升了工作效率。同时，Adobe Creative Suite 还支持云存储和分享，设计师可以方便地与团队成员或客户共享设计稿，从而提升协作效率。

西门子在德国推出的全球首个数字化工厂，是数字化技术在制造业的应用例证（图8-15）。这个工厂利用各种数字化技术，如工业物联网、自动化机器人和大数据分析，实现了数字化制造、自动化流程和数字化供应链管理。具体来说，工厂内的生产设备和系统都通过物联网技术进行连接，所有的生产数据都实时采集并进行分析，从而优化生产流程，提高生产效率和质量。同时，数字化供应链管理则让西门子可以实时跟踪和优化物资和产品的流通，减少了能源和资源的浪费。

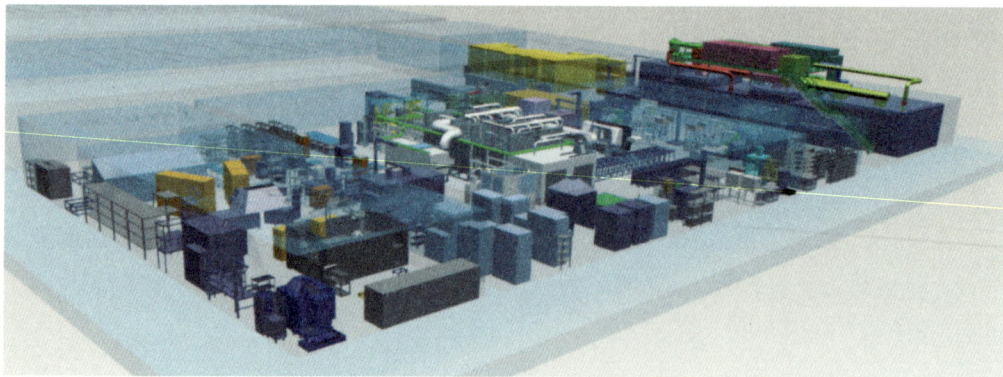

图8-15　西门子的数字化工厂管理

数字化对未来产品设计领域的影响会越来越深远。无论是设计流程的优化，还是生产制造的改进，抑或是产品体验的提升，数字化都在推动设计领域不断创新和发展。

8.3.3　新技术

3D打印技术为产品设计带来了很大的便利。设计师可以利用3D打印技术快速制作出产品的原型，从而对设计进行实物检验和修改。这大大加快了产品设计的迭代速度，提高了设计的精确性。此外，3D打印还能实现许多传统制造方法无法实现的复杂结构，这为产品设计带来了更大的可能性。浙江大学团队利用3D打印提出一种新型吹塑技术，进一步丰富设计空间，浙江大学王冠云教授团队基于先前工作形状变化原理，提出了一种新型的PneuFab吹塑技术，如图8-16所示。3D打印的空腔结构，通过加热软化和充气，触发多阶段可控形变，实现形态各异的立体造型。该技术为个性化产品的设计与制作提供了新方法。

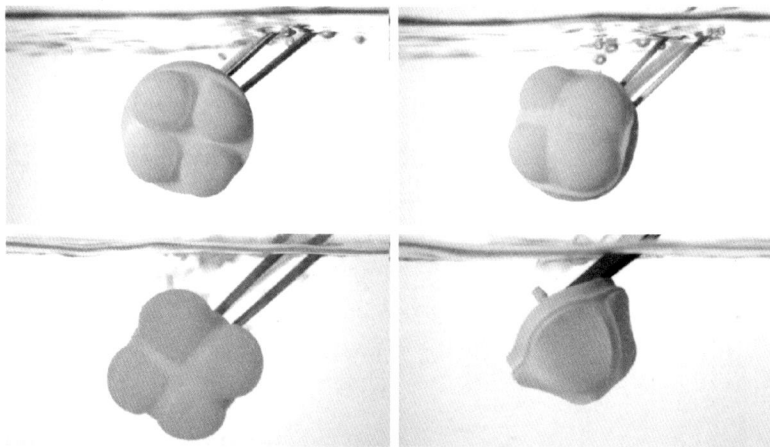

图8-16　PneuFab吹塑多阶段变形

在科技与生活日益交织的今天，可穿戴技术已经从科幻概念逐渐转变为现实中的日常用品。这种技术不仅为我们的生活带来了前所未有的便利，更重要的是，它正在重新定义我们与数字世界的互动方式。可穿戴设备，如智能手表、健康监测带和智能眼镜，已经成为现代生活中不可或缺的一部分，为我们提供了健康监测、信息获取、娱乐和社交等多种功能。

例如，Apple Watch作为智能手表的代表（图8-17），不仅可以进行电话、信息通信，还具备了健康监测、运动追踪等功能。它可以实时监测用户的心率、运动量和睡眠质量，为用户提供健康建议和提醒。更为神奇的是，Apple Watch还可以检测到用户跌倒，并在紧急情况下自动拨打紧急联系人电话或急救电话。

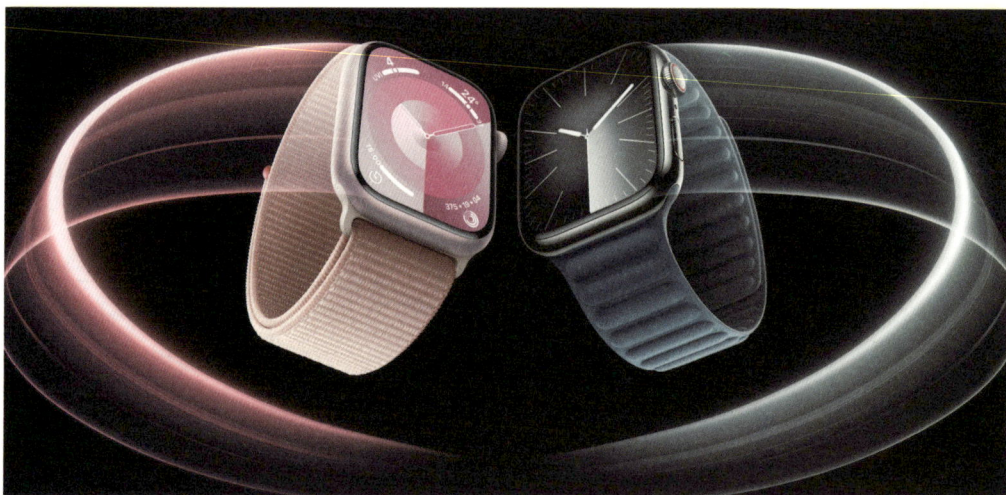

图8-17　苹果公司智能手表Apple Watch

有许多科技公司试图利用增强现实和可穿戴技术进行娱乐活动。然而，只有少数公司在将此类技术推向更重要的市场方面取得了良好进展。DAQRI 就是这样的一家公司。他们开发可穿戴设备（如面罩或头盔）的创新产品，以连接并提高用户在工作时的生产力和效率。DAQRI 智能安全帽是一种具有 AR 功能的安全帽（图8-18），可以在生产过程中用于指导和培训，提高员工的工作效率。它还能够检测员工的健康状况和工作场所的环境因素，从而保障员工的安全，提高生产效率。

图8-18　DAQRI智能安全帽

这些令人惊叹的产品只是可穿戴技术的冰山一角。随着技术的不断进步和市场需求的增长，我们有理由相信，未来可穿戴技术将会更加普及和完善，为人类生活带来更多的便利和乐趣。它不仅代表了技术的进步，更是人类对更高生活品质的追求和实现。

虚拟现实和增强现实技术也正在改变产品设计。通过 VR 和 AR，设计师可以创建和浏览立体的设计模型，实现更加直观和沉浸式的设计体验。同时，这种方式还能让设计师在设计初期就能感知到产品的使用场景和用户体验，从而在设计过程中做出更好的决策。

然而，真正颠覆性的技术可能是人工智能和机器学习。这些技术可以处理大量的数据，从中找出模式和趋势，预见用户的行为和需求。设计师可以利用这些信息，创建出更具预见性和个性化的产品设计。比如 Adobe 的 Sensei，就是一个集成了 AI 和机器学习的设计工具。Sensei 可以自动完成许多设计任务，如图片编辑、字体选择等，并给出设计建议，帮助设计师更高效地完成设计。

总的来说，数字化和智能化正在深度影响产品设计的方式和结果。这些先进的技术工具不仅提高了设计的效率和精确性，也为设计师打开了更多的创新可能。因此，未来的设计师需要熟练掌握这些工具，并灵活运用到设计实践中，以创造出更具影响力的产品设计。

8.4　用户体验优先

用户体验优先（user experience first）是一种设计理念，强调在设计产品、服务或系统时，首先考虑用户的需求和期望。这种方法强调的是对用户的理解，以便创造出能够满足用户需求、易于使用，以及在使用过程中能带给用户愉快体验的产品或服务。

科沃斯扫地机器人是一个注重用户体验的典型实体产品。它通过智能导航系统，能够自动扫描家居环境并生成高效的清洁路线，减少了用户的手动操作。通过手机 App，用户可以远程控制机器人，设定清洁区域和模式，极大提升了操作的便捷性。此外，带有自动清空尘盒功能的产品还减少了维护工作，清洁报告功能则让用户可以直观查看清洁效果。这些设计充分体现了"用户体验优先"的理念，显著改善了家庭清洁体验。

支付宝作为目前国内最大的第三方支付平台，始终将用户体验放在设计的首位。为了提高用户在支付过程中的便捷性和安全性，支付宝从多方面优化了用户体验。支付宝通过不断优化用户的支付路径，减少烦琐的操作步骤。扫码支付、刷脸支付、快捷支付等功能，让用户能够快速完成支付过程，大大提升了使用便捷性。支付宝为用户创造了一个高效、流畅且安全的支付体验，展示了"用户体验优先"这一理念。

航空公司在线预订系统的设计，充分考虑了用户在购票、选座和修改信息等方面的需求。比如，系统通常会提供一个可视化的座位界面，用户可以清楚地看到飞机的座位布局，从而更好地选择自己的座位。同时，如果用户需要修改预订信息，系统也会提供一个简单的流程来完成。这样的设计，使得用户在使用航空公司的在线预订系统时，能够得到方便快捷的体验。

以上三个例子都很好地体现了"用户体验优先"的设计理念。它们通过深入洞察用户需求，打造出用户友好且易于使用的产品或服务，从而为用户提供了更好的体验。这种以用户为中心的设计方法不仅提升了产品的实用性，也增强了用户的满意度与忠诚度。

8.5 从增加附加价值到创造附加价值

产品设计的目标不仅是创造一个有功能性的物品，而是通过设计为用户带来价值。这种价值可以通过改进用户体验、提高产品的美学吸引力、增加产品的功能性等多种方式实现。同时，设计也可以通过创建新的用户需求，开拓新的市场来创造附加价值。

（1）改进用户体验

良好的用户体验是产品设计中的关键因素。设计师通过理解用户的需求和期望，以及他们与产品或服务的互动方式，可以设计出更直观、更简便的产品。网易云音乐的成功原因之一是源于其对UGC（用户生成内容）的高度重视和优秀的推荐算法。云音乐通过标签建设和推荐算法满足了A类用户的需求，同时通过打造UGC社区平台，包括歌单创建、主播电台、动态话题创建、评论、圈子、广场等维度，满足了B类用户的活跃和黏性需求，如图8-19所示。此外，云音乐推出了音乐人创作者计划、音乐专列/乐评书、动态话题/圈子/歌房/广场等多种形式的活动和模块，这些不仅创造了丰富的UGC内容，还提升了用户的活跃度和黏性。在版权问题上，云音乐并未选择与大牌艺人争夺版权，而是选择鼓励和扶持更多的音乐人，以创新和多元化的内容来吸引和留住用户。这种策略的实施，使网易云音乐在市场竞争中保持了自己的独特性和生命力。

图8-19　网易云、杭州地铁1号线联合推出"乐评专列"

（2）提高美学吸引力

设计也可以通过提高产品的美学吸引力来增加其附加价值。设计师通过运用颜色、形状、质地和布局，可以创造出美观且吸引人的产品。Bang & Olufsen 的 Beoplay A9 音响就是这样的一个例子，如图 8-20 所示。它不仅声音优质，而且其现代化和最小化的设计使它成为一个室内装饰品。

（3）增加产品的功能性

通过增加产品的功能性，设计也可以提高产品的附加价值。设计师可以通过理解用户的需求，创造出具有多功能性的产品。

图 8-20　Beoplay A9

（4）满足更多需求

通过增加产品的功能性，产品可以满足用户的更多需求，从而提高用户满意度和使用频率。例如，一个带有计步器和心率监测功能的智能手表就比只显示时间的手表更有用。

（5）提高竞争优势

具有多功能的产品可以在竞争激烈的市场中脱颖而出。例如，智能手机通过整合通信、娱乐、搜索、拍照等多种功能，成功超越了传统的移动电话。

（6）增加附加价值

增加产品的功能性可以使产品的附加价值增加，因此用户可能愿意为具有更多功能的产品支付更高的价格。例如，一部具有高级照相功能的手机，其价格可能会高于仅具有基础功能的手机。

（7）提升用户体验

多功能产品可以让用户在一次交互中完成更多任务，提高效率，从而提升用户体验。

小米公司凭借其丰富的产品线和独特的生态系统，不断地增加产品的功能性以满足用户多元化的需求。小米的成功是由智能制造、新零售和互联网三大主营业务互相补充而形成的，如图 8-21 所示。小米首先通过智能制造开发出高性价比的产品，吸引海量用户，然后通过新零售方式提高运营效率，降低成本，最后将这些用户转化为互联网服务的用户，以此获得高额利润。这种"硬件—互联网—新零售"的商业模式使小米得以在竞争激烈的市场中独占鳌头。其智能设备从手机到智能家居，无不体现出高性价比和人性化设计的特点，使得产品不仅具有实用功能，更增加了附加价值。例如，小米手机的AI相机和超长待机功能，满足了用户在拍照和使用时间方面的需求，从而进一步提高了其市场竞争力。而小米智能家居的互联互通功能，使得用户通过手机就可以轻松控制家中的各类设备，极大地提高了生活的便利性。小米一直致力于创新和提升用户体验，其"以用户需求为出发点"的设计理念，正是其成功的关键。在未来，小米将继续探索科技的可能性，提供更多功能丰富、用户友好的产品，带给用户"科技生活"的全新体验。

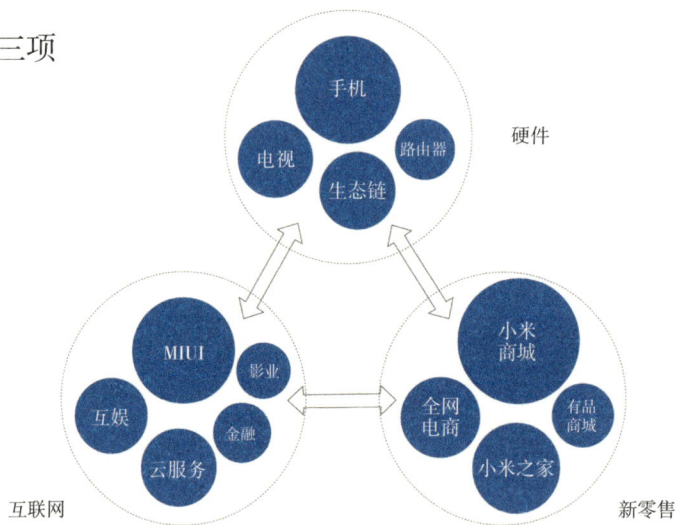

图8-21 小米"铁人三项"

（8）开拓新的市场

设计师可以通过创新，开拓新的市场。大疆各系列无人机的成功主要得益于其公司强大的核心竞争力——创新。大疆无人机不仅弥补了传统航拍设备在便携性、操作复杂性等方面的不足，还融入了许多新的技术和设计。通过高品质的产品和优质的用户体验赢得了消费者的青睐。例如，大疆Phantom系列无人机采用了先进的飞行控制系统（图8-22），能够实现一键起飞、自动悬停和智能返航等功能，极大地降低了操作难度，使普通消费者也能够轻松上手。其搭载的高清摄像头，通过光学防抖和先进的图像处理技术，能够拍摄出高质量的照片和视频，满足了用户在航拍方面的多样化需求。此外，从外观设计到功能设置，大疆在每一个细节上都注重用户体验。其无人机外观设计简洁流畅，符合空气动力学原理，不仅美观，还能提高飞行效率，为用户提供了高质量的航拍体验。加之大疆强大的品牌影响力及自主研发的实力，赢得了消费者的信任，用户愿意为其高品质的产品支付合理的价格。最后，大疆精准的市场推广策略，通过参加国际航模展会、举办无人机飞行大赛、发布高质量的航拍视频等方式提升了品牌的知名度和产品的销量。总结起来，大疆无人机的成功是创新、高品质、优质的用户体验、强大的品牌价值和有效的市场推广的有机结合的结果。

图 8-22 大疆 Phantom 系列无人机

综上所述，设计可以通过多种方式为产品增加附加价值和创造附加价值。作为一个设计师，理解这些原则，并将它们应用于实践中，是非常重要的。

产品设计的发展趋势与我们生活的每个方面息息相关，从环境、技术到社会文化等等。作为设计师，我们需要紧跟这些趋势，将之融入设计中。同时，我们也要明白，对用户的关注和理解、对美的追求、对创新的渴望，以及对生活的热爱，始终是设计师的核心价值，也是设计的源动力。让我们共同期待更多的设计，以它们的美、创新和智慧，带给我们更好的生活。

参考文献

[1] Perry T S, Wallich P . Inside the PARC: The information architects[J]. Spectrum IEEE, 1985, 22(10):62–76.

[2] 薛志荣 . AI改变设计：人工智能时代的设计师生存手册[M]. 北京：清华大学出版社，2019.

[3] 李开复，王咏刚 . 人工智能[M]. 北京：文化发展出版社，2017.

[4] 迈克尔·伍尔德里奇 . 人工智能全传[M]. 许舒，译 . 浙江：浙江科学技术出版社，2021 .

[5] 谭力勤 . 奇点艺术：未来艺术在科技奇点冲击下的蜕变[M]. 北京：机械工业出版社，2018.

[6] 余强，周苏 . 人机交互技术[M]. 2版 . 北京：清华大学出版社，2022.

[7] 叶毓睿，李安民，李晖，等 . 元宇宙十大技术[M]. 北京：中译出版社，2022.

[8] 日本日经设计 . 材料与设计[M]. 徐凌霞，徐玉珊，译 . 北京：中国建筑工业出版社，2017.

[9] 中国工程院化工、冶金与材料工程学部，中国材料研究学会 . 走进前沿新材料3[M]. 北京：化学工业出版社，2022.

[10] 袁广林 . 欧林工学院：工程教育的一种新范式[J]. 高教探索，2022（1）：80–86.

[11] 王昀 . 国美金课：设计创新思维[M]. 杭州：中国美术学院出版社，2021.

[12] 刘新，莫里吉奥·维伦纳 . 基于可持续性的系统设计研究[J]. 装饰，2021，No.344（12）：25–33.